工业机器人传感技术与应用

主编　金凌芳　许红平

职业技能培训丛书
浙江省职业技能教学研究所　组织编写

浙江科学技术出版社

图书在版编目(CIP)数据

工业机器人传感技术与应用 / 浙江省职业技能教学研究所组织编写;金凌芳,许红平主编. —杭州:浙江科学技术出版社,2019.10

(职业技能培训丛书)

ISBN 978-7-5341-8745-2

Ⅰ. ①工… Ⅱ. ①浙… ②金… ③许… Ⅲ. ①工业机器人—传感器—技术培训—教材 Ⅳ. ①TP242.22

中国版本图书馆 CIP 数据核字(2019)第 187900 号

丛 书 名	职业技能培训丛书
书 名	**工业机器人传感技术与应用**
组织编写	浙江省职业技能教学研究所
主 编	金凌芳 许红平

出版发行	**浙江科学技术出版社** 邮政编码:310006 杭州市体育场路 347 号 办公室电话:0571-85062601 销售部电话:0571-85171220 网 址:www.zkpress.com E-mail:zkpress@zkpress.com
排 版	杭州大漠照排印刷有限公司
印 刷	杭州广育多莉印刷有限公司
经 销	全国各地新华书店

开 本	787 × 1092 1/16	印 张	9.5
字 数	219 000		
版 次	2019 年 10 月第 1 版	2019 年 10 月第 1 次印刷	
书 号	ISBN 978-7-5341-8745-2	定 价	32.00 元

责任编辑 罗 璀 **责任校对** 马 融

责任美编 金 晖 **封面设计** 孙 菁

责任印务 崔文红

“职业技能培训丛书”编辑工作组

组　　长　巫惠林　王丽慧

成　　员　（按姓氏笔画排序）

卢红华　许　虹　许红平　刘建军　宋　力

周金奚　蒋公标

本册编写小组

主　　编　金凌芳　许红平

副 主 编　胡玲笑

编 著 者　金凌芳　毛樟雄　张　祺　徐智松　顾　磊

毛雷飞　胡玲笑　潘明来　朱巍巍　冯启荣

冯玖强

主　　审　陈　立　周根兴　李震球　虞嘉丞　张小德

刘　军　吴浙栋　孟广毅

前 言

职业技能培训是提高劳动者技能水平和就业创业能力的主要途径。大力加强职业技能培训工作，建立健全面向全体劳动者的职业技能培训制度，是实施扩大就业的发展战略，解决就业总量矛盾和结构性矛盾，促进就业和稳定就业的根本措施；是贯彻落实人才强国战略，加快技能人才队伍建设，建设人力资源强国的重要任务；是加快经济发展方式转变，促进产业结构调整，提高企业自主创新能力和核心竞争力的必然要求；是推进城乡统筹发展，加快工业化和城镇化进程的有效手段。为认真贯彻落实全国、全省人才工作会议精神和《国务院关于加强职业培训促进就业的意见》《浙江省中长期人才发展规划纲要（2010—2020年）》，切实加快培养适应我省经济转型升级、产业结构优化要求的高技能人才，带动技能劳动者队伍素质整体提升，浙江省人力资源和社会保障厅规划开展了职业技能培训系列教材建设，由浙江省职业技能教学研究所负责组织编写工作。本系列教材第六批共7册，主要包括《药膳制作实用技术》《工业机器人传感技术及应用》《工业机器人概论》《网络创业实训指导手册》《母婴护理员基础知识》《母婴护理员实训技能》《技工院校学生职业素养教育读本——创新创业篇》等地方产业、新兴产业以及特色产业方面的技能培训教材。本系列教材针对职业技能培训的目的要求，突出技能特点，便于各地开展农村劳动力转移技能培训、农村预备劳动力培训等就业和创业培训，以及企业职工、企业生产管理人员技能素质提升培训。本系列教材也可以作为技工院校、职业院校培养技能人才的教学用书。

随着劳动力的结构性短缺以及劳动力成本的急剧上升，我国劳动力红利时代即将结束，产业转型升级面临迫切需求。近几年我国工业机器人正在以超过44%的年增长率快速增长，工业机器人的市场应用呈井喷式发展态势，预计到2020 年中国工业机器人保有量将增至50万—60 万台。《国家中长期科学和技术发展规划纲要

（2006—2020年）》和《机器人产业发展规划（2016—2020年）》中将机器人作为未来优先发展的战略方向，大力发展机器人产业，对于打造中国制造新优势，推动工业转型升级，加快制造强国建设已成为趋势。然而，机器人技术人才紧缺，“数十万高薪难聘机器人技术人才”已经成为当今社会的热点问题，因此，加快机器人技术技能人才的培养是当务之急。目前，各技工院校和职业院校争先恐后地开设工业机器人相关专业及课程，但缺乏相应的配套教材。基于这样的背景，由浙江省职业技能教学研究所协同浙江省内部分技工院校、知名机器人生产及应用企业和研究机构组建“工业机器人教学联盟”，组织人员联合开发了工业机器人应用和维护专业系列教材。

工业机器人能否在生产线上被智能化地广泛应用，与掌握工业机器人传感器技术息息相关，开发《工业机器人传感器技术与应用》教材显得十分必要。《工业机器人传感器技术与应用》是继《工业机器人概论》之后又一本针对工业机器人应用与维护专业课程开发的教材。本教材适用于技工院校和高等职业院校教学，也可作为面向社会高技能人才的培训教材，目的是让大家了解工业机器人传感器的基本知识、工业机器人常用传感器的类型及技术应用。通过本书的学习，可为从事智能化生产线的安装与调试、工业机器人集成应用与开发等相关工作奠定基础。

本书的编写理念是以能力为本位，以就业为导向，以培养学生综合职业能力为核心，注重各种能力训练之间的衔接与互补。采取传统教学和项目教学两种教学结构有机结合的编写方式。本书对技工院校工业机器人应用与维护专业培养目标定位进行了研究，分析了人才岗位的职业能力需求，明确了“工业机器人传感器技术与应用”课程的学习领域与任务目标，从培养应用型技术技能型人才视角选择了合适的教学资源模型，体现了“行动导向”教学理论和“以学生为中心”的教学思想。“行动导向”教学理论通过“工作任务”来组织教学资源，旨在培养学生的综合职业能力；“以学生为中心”教学思想的教学资源内容采取模块化、任务化、层次化，尊重学生的差异性和个性化自主学习的需要。教学方法上可采取小组讨论、任务驱动等，引导学生网上搜索资料进行自主学习、探究学习和合作学习等。

本书的具体内容、课时分配和任务目标安排见下表，可供大家参考。

学习领域	工作任务	课时	任务目标
项目一　工业机器人传感器概述	1.1　传感器基础知识	4	1. 能说明传感器的概念、组成、分类和主要性能指标 2. 了解传感器的选用原则及发展趋势 3. 能说出工业机器人传感器的主要分类及选用要求 4. 辨识工业机器人传感器的类型和功能
	1.2　工业机器人传感器及其分类	2	
	1.3　工业机器人常见传感器	2	
项目二　工业机器人内部传感器	2.1　位置传感器	4	1. 能说明位置传感器、角度传感器、角（加）速度传感器的作用、类型及结构 2. 分析不同位置传感器、角度传感器、角（加）速度传感器的工作（检测）原理及应用特点
	2.2　角度传感器	2	
	2.3　角速度、角加速度传感器	4	
项目三　工业机器人外部传感器——触觉传感器	3.1　压觉传感器	4	1. 能说明压觉传感器、滑觉传感器、力觉传感器的作用、类型及结构 2. 分析不同压觉传感器、滑觉传感器、力觉传感器的工作（检测）原理及应用特点
	3.2　滑觉传感器	4	
	3.3　力觉传感器	4	
项目四　工业机器人外部传感器——接近觉传感器	4.1　光电传感器	4	1. 能说明光电传感器、光纤传感器、电涡流传感器、红外光传感器的作用、类型及结构 2. 分析不同光电传感器、光纤传感器、电涡流传感器、红外光传感器的工作（检测）原理及应用特点
	4.2　光纤传感器	2	
	4.3　电涡流传感器	4	
	4.4　红外光传感器	2	
项目五　工业机器人外部传感器——视觉传感器	5.1　视觉传感器概述	4	1. 能说明视觉传感器的作用、类型及结构 2. 分析PSD传感器的工作（检测）原理及应用特点 3. 知道视觉传感器与工业机器人协作的典型应用案例
	5.2　PSD传感器	2	
	5.3　视觉传感器典型应用	4	
项目六　工业机器人外部传感器——其他传感器	6.1　气体传感器	4	1. 能说明气体传感器、压电传感器、超声波传感器、红外光传感器的作用、类型及结构 2. 分析不同气体传感器、压电传感器、超声波传感器、红外光传感器的工作（检测）原理及应用特点
	6.2　压电传感器	2	
	6.3　超声波传感器	2	
项目七　典型工业机器人外部传感器系统	7.1　装配机器人传感器系统	4	1. 能说出装配机器人应用传感器的种类、作用及各种传感器信息融合的工作系统
	7.2　焊接机器人传感器系统	4	2. 能说出焊接机器人应用传感器的种类、作用及各种传感器信息融合的工作系统

本书由金凌芳、许红平担任主编并统稿，胡玲笑担任副主编，陈立、周根兴、李震球、虞嘉丞、张小德、刘军、吴浙栋、孟广毅担任主审。具体编写分工为：项目一由金凌芳、毛樟雄编写，项目二由徐智松、毛雷飞编写，项目三由金凌芳、顾磊编写，项目四由胡玲笑、潘明来编写，项目五由张祺、朱巍巍编写，项目六由冯启荣编写，项目七由张祺、冯玖强编写。本书编写中得到了杭州新松机器人自动化有限公司、浙江亚龙科技集团、北京华航唯实科技有限公司、浙江智能机器人研究院等单位专家的热情指导，得到了杭州萧山技师学院、嘉兴技师学院、宁波第二技师学院、浙江交通技师学院等学院领导的鼎力支持，在此表示感谢。

由于编写水平有限，书中难免存在不足之处，敬请大家批评指正。

浙江省职业技能教学研究所

2017年10月

Contents

目录

项目一　工业机器人传感器概述

工业机器人被称为智能制造的明珠，而传感器技术又是现代信息技术的三大支柱之一，工业机器人能否具有良好智能，对外界做出正确、有效、及时的反映与传感器息息相关。通过本项目学习，能够知道传感器技术及工业机器人传感器的相关概念、工业机器人传感器的分类、工业机器人传感器的应用场合，能够辨识常见工业机器人传感器，大致了解各种传感器的作用和工作原理，为进一步学习工业机器人传感器技术与应用打下基础。

1.1 传感器基础知识

一、传感器的概念

传感器的英文是"Sensor",它来源于拉丁文"Sense",意思是"感觉"或"知觉"等。传感器从字义上可理解为传送感受到信息的器件。先要感受到信息,然后把信息传送出去。在我们日常生活中使用的传感器十分广泛,图1-1所示的卡拉OK所用麦克风就是一种典型的传感器。唱卡拉OK时用麦克风接收到声音信号,然后转化为电信号,发送给放大器。

图1-1 卡拉OK所用的麦克风

其实传感器技术应用已遍及各行各业的技术领域,如工业生产、现代农业生产、医疗诊断、环境保护、国防军事、海洋及宇宙探索等。随着社会的进步和科技的发展,特别是面向智能制造和互联网时代的到来,现代信息技术得到广泛应用。现代信息技术的基础是信息采集、信息传输与信息处理,而传感器技术是构成现代信息技术的三大支柱之一,负责信息采集过程。人们在利用信息的过程中,首先要获取信息,而传感器是获取信息的主要手段和途径。图1-2所示为现代信息技术三大支柱示意图。可以说传感器技术在现代科学技术、工农业生产和日常生活中起着不可替代的作用,是衡量一个国家科学技术发展水平的重要标志。

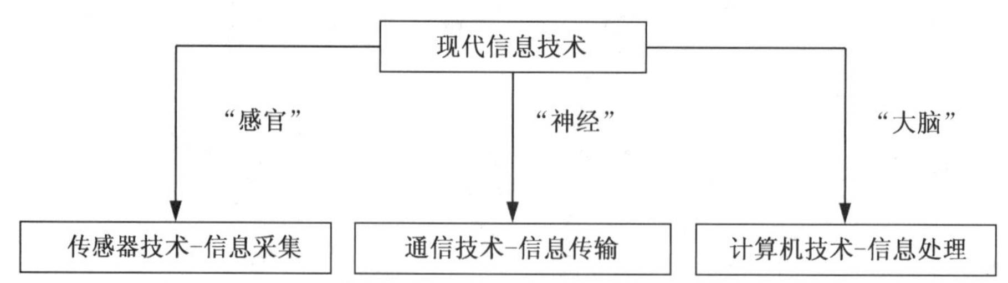

图1-2 现代信息技术三大支柱示意图

什么是传感器呢?国家标准GB7665—87对传感器下的定义是:"能感受规定的被测量,并按照一定的规律转换成可用信号的器件或装置,通常由敏感元件和转换元件组成。"通俗地说,传感器就是一种将被测量转换成便于应用的物理量的装置,这种物理量主要以电学量为主。因为电学量最容易被传输、转换和处理。传感器是一种检测装置,能感受到被测量的信息,并能将检测感受到的信息按一定规律变换成为电信号或其他所

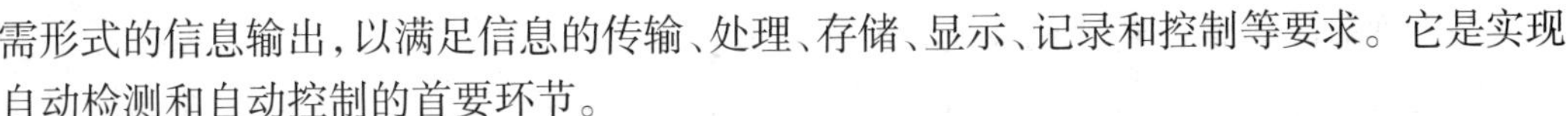

需形式的信息输出，以满足信息的传输、处理、存储、显示、记录和控制等要求。它是实现自动检测和自动控制的首要环节。

二、传感器的组成和分类

（一）传感器的组成

传感器通常由敏感元件、转换元件、基本转换电路及辅助电源组成，图1-3所示为传感器的组成方框图。

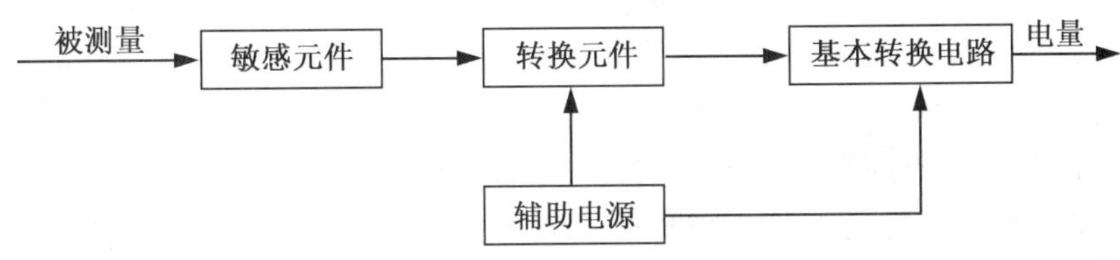

图1-3　传感器组成方框图

1. 敏感元件。指直接感受或响应被测量，并输出与被测量成确定关系的某一物理量的元件。比如金属或半导体应变片，能感受压力的大小而引起形变，形变程度就是对压力大小的响应；铂电阻能感受温度的升降而改变其阻值，阻值的变化就是对温度升降的响应，所以铂电阻就是一种温度敏感元件，而金属或半导体应变片，就是一种压力敏感元件。

2. 转换元件。指敏感元件感受或响应被测量转换成适用于传输或测量的电信号，敏感元件的输出就是它的输入，它把输入转换成电路参量。转换元件实际上就是将敏感元件感受的被测量转换成电路参数的元件。如果敏感元件本身就能直接将被测量变成电路参数，那么该敏感元件就具有了敏感和转换两个功能，如热敏电阻，它不仅能直接感受温度的变化，而且能将温度变化转换成电阻的变化，即将非电路参数（温度）直接变成电路参数（电阻）。

3. 基本转换电路。上述电路参数接入基本转换电路（简称转换电路），便可转换成电量输出。最简单的传感器由一个敏感元件（兼转换元件）组成，它感受被测量时直接输出电量，如热电偶。有些传感器由敏感元件和转换元件组成，没有转换电路，如压电式加速度传感器，其中质量块m是敏感元件，压电片（块）是转换元件。有些传感器的转换元件不止一个，要经过若干次转换。

4. 辅助电源。指提供传感器正常工作能源的电源。

（二）传感器的分类

由于被测参量种类繁多，其工作原理和使用条件又各不相同，因此传感器的种类和规格十分繁杂，分类方法也很多。现将常用的分类方法归纳如下：

1. 按输入量即测量对象的不同分类。输入量分别为：温度、压力、重量、位移、速度、湿度、光线、气体等非电量时，则相应的传感器称为温度传感器、压力传感器、称重传感器等。

这种分类方法明确地说明了传感器的用途，给使用者提供了方便，容易根据测量对象来选择所需要的传感器，缺点是这种分类方法是将原理互不相同的传感器归为一类，很难找出每种传感器在转换机理上有何共性和差异，因此对掌握传感器的一些基本原理及分析方法是不利的。因为同一种类型的传感器，如压电式传感器，它可以用来测量机械振动中的加速度、速度和振幅等，也可以用来测量冲击和力，但其工作原理是一样的。

这种分类方法把种类最多的物理量分为基本量和派生量两大类。例如，力可视为基本物理量，从力可派生出压力、重量，应力、力矩等派生物理量，当我们需要测量上述物理量时，只要采用力传感器就可以了。所以了解基本物理量和派生物理量的关系，对于系统使用何种传感器是很有帮助的。

2. 按工作（检测）原理分类。检测原理指传感器工作时所依据的物理效应、化学效应和生物效应等机理，分为电阻式、电容式、电感式、压电式、电磁式、磁阻式、光电式、压阻式、热电式、核辐射式、半导体式传感器等。

比如根据变电阻原理，相应的有电位器式、应变片式、压阻式等传感器；根据电磁感应原理，相应的有电感式、差压变送器、电涡流式、电磁式、磁阻式等传感器；根据半导体有关理论，则相应的有半导体力敏、热敏、光敏、气敏、磁敏等固态传感器。

这种分类方法的优点是便于传感器专业工作者从原理与设计上作归纳性的分析研究，避免了传感器的名目过于繁多，故最常采用。缺点是用户选用传感器时会感到不够方便。

有时也常把用途和原理结合起来命名，如电感式位移传感器、压电式力传感器等，以避免传感器名目过于繁多。

3. 按照传感器的结构参数在信号变换过程中是否发生变化分类。

（1）物性型传感器：在实现信号的变换过程中，结构参数基本不变，而是利用某些物质材料（敏感元件）本身的物理或化学性质的变化而实现信号变换的。

这种传感器一般没有可动结构部分，易小型化，故也被称作固态传感器，它是以半导体、电介质、铁电体等作为敏感材料的固态器件。比如，热电偶、压电石英晶体、热电阻以及各种半导体传感器，如力敏、热敏、湿敏、气敏、光敏元件等。

（2）结构型传感器：依靠传感器机械结构的几何形状或尺寸（即结构参数）的变化而将外界被测参数转换成相应的电阻、电感、电容等物理量的变化，实现信号变换，从而检测出被测信号。比如，电容式、电感式、应变片式、电位差计式等。

4. 根据敏感元件与被测对象之间的能量关系（或按是否需外加能源）分类。

（1）能量转换型（有源式、自源式、发电式）：在进行信号转换时不需要另外提供能量，直接由被测对象输入能量，把输入信号能量变换为另一种形式的能量输出使其工作。有源传感器类似一台微型发电机，它能将输入的非电能量转换成电能输出，传感器本身无需外加电源，信号能量直接从被测对象取得，因此只要配上必要的放大器就能推动显示记录仪表。比如，压电式、压磁式、电磁式、电动式、热电偶、光电池、霍尔元件、静电式等传感器。这类传感器中，有一部分能量的变换是可逆的，也可以将电能转换为机械能或其他非电量，如压电式、压磁式、电动式传感器等。

（2）能量控制型（无源式、他源式、参量式）：在进行信号转换时，需要先供给能量，即从外部供给辅助能源使传感器工作，并且由被测量来控制外部供给能量的变化等。对于无源传感器，被测非电量只是对传感器中的能量起控制或调制作用，得通过测量电路将它变为电压或电流量，然后进行转换、放大，以推动指示或记录仪表。配用的测量电路通常是电桥电路或谐振电路。比如，电阻式、电容式、电感式、差动变压器式、涡流式、热敏电阻、光电管、光敏电阻、湿敏电阻、磁敏电阻等。

5. 按输出信号的性质分类。

（1）模拟式传感器：将被测非电量转换成连续变化的电压或电流，如要求配合数字显示器或数字计算机，需要配备模/数（A/D）转换装置。上面提到的传感器基本上属于模拟传感器。

（2）数字式传感器：能直接将非电量转换为数字量，可以直接用于数字显示和计算，可直接配合计算机，具有抗干扰能力强、适宜距离传输等优点。目前这类传感器可分为脉冲、频率和数码输出三类，如光栅传感器等。

6. 按照传感器与被测对象的关联方式（是否接触）分类。

（1）接触式：如电位差计式、应变式、电容式、电感式等。

（2）非接触式：如红外传感器、液位传感器、超声波传感器等。

接触式的优点是传感器与被测对象视为一体，传感器的标定无须在使用现场进行；其缺点是传感器与被测对象接触会对被测对象的状态或特性不可避免地产生或多或少的影响，而非接触式则没有这种影响。

非接触式测量可以消除传感器介入而使被测量受到的影响，提高测量的准确性，同时可使传感器的使用寿命增加。但是非接触式传感器的输出会受到被测对象与传感器之间介质或环境的影响，因此传感器标定必须在使用现场进行。

7. 按传感器构成分类。

（1）基本型传感器：它是一种最基本的单个变换装置。

（2）组合型传感器：它是由不同单个变换装置组合而构成的传感器。

（3）应用型传感器：它是基本型传感器或组合型传感器与其他机构组合而构成的传感器。

例如，热电偶是基本型传感器，把它与红外线辐射转为热量的热吸收体组合成红外线辐射传感器，即是一种组合型传感器，把这种组合型传感器应用于红外线扫描设备中，就是一种应用型传感器。

8. 按作用形式分类。可分为主动型和被动型传感器。

（1）主动型传感器：又分为作用型和反作用型两种，此类传感器对被测对象能发出一定探测信号，能检测探测信号在被测对象中所产生的变化，或者由探测信号在被测对象中产生某种效应而形成的信号。检测探测信号变化方式的称为作用型，检测产生响应而形成信号方式的称为反作用型。雷达与无线电频率范围探测器是作用型的实例，而光声效应分析装置与激光分析器是反作用型的实例。

（2）被动型传感器：只是接收被测对象本身产生的信号，如红外辐射温度计、红外摄像装置等。

三、传感器的主要性能指标

传感器能否将被测非电量不失真地转换成相应的电量，取决于传感器的输入—输出特性。根据输入物理量形式不同，传感器所表现出来的输入—输出特性也不同，因此分为静态特性和动态特性。当输入量为常量或变化极慢时，这一关系称为静态特性。当输入量随时间较快地变化时，这一关系称为动态特性。

不同传感器有着不同的内部参数，它们的静态特性和动态特性也表现出不同的特点，对测量结果的影响也就各不相同。一个高精度的传感器，必须同时具有良好的静态特性和动态特性。

（一）静态特性技术指标

通常用来描述静态特性的指标有线性度、灵敏度、重复性、迟滞、分辨力、精确度等。

1. 线性度。传感器的输出与输入具有确定的对应关系，最好呈线性关系。但一般情况下，输出与输入不会符合所要求的线性关系，同时由于存在迟滞、蠕变、摩擦、间隙和松动等各种因素以及外界条件的影响，使输出输入对应关系的唯一确定性无法实现。

传感器的输出与输入关系或多或少地存在非线性。在不考虑迟滞、蠕变、不稳定性等因素的情况下，其静态特性可用下列多项式代数方程表示：

$$y=a_0+a_1x+a_2x^2+a_3x^3+\cdots+a_nx^n \qquad (1-1)$$

式中　y——输出量；

x——输入量；

a_0——零点输出；

a_1——理论灵敏度；

a_2、a_3……a_n——非线性项系数。

各项系数不同，决定了特性曲线的具体形式。

静态特性曲线可由实际测试获得。在获得特性曲线之后，可以说问题已经得到解决。但是为了标定和数据处理的方便，希望得到线性关系，这时可采用各种方法，其中也包括采用硬件或软件补偿来进行线性化处理。

一般来说，这些办法都比较复杂。所以在非线性误差不太大的情况下，总是采用直线拟合的办法来线性化。在采用直线拟合线性化时，输出与输入的校正曲线与其拟合曲线之间的最大偏差，称为非线性误差或线性度。

通常用相对误差γ_L表示：

$$\gamma_L=\perp(\Delta L_{max}/y_{FS})\times 100\% \qquad (1-2)$$

式中　ΔL_{max}——最大非线性误差；

y_{FS}——量程输出。

非线性偏差的大小是以一定的拟合直线为基准直线而得出来的。拟合直线不同，非线性误差也不同。

2. 灵敏度。传感器输出的变化量y与引起该变化量的输入变化量x之比即为其静态灵敏度，其表达式为：

$$K=\Delta y/\Delta x \qquad (1-3)$$

可见，传感器输出曲线的斜率就是其灵敏度。对线性特性的传感器，其特性曲线的斜率处处相同，灵敏度K是一常数，与输入量大小无关，而非线性传感器的灵敏度是一变量。一般希望传感器的灵敏度高，在满量程范围内是恒定的，即线性。某位移传感器，当

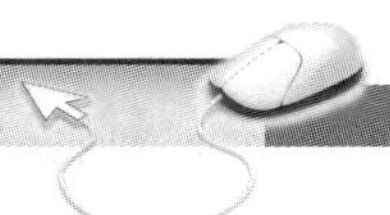

位移量Δx为1 mm，输出量Δy为0.5mV时，则该位移传感器的灵敏度K为0.5mV/mm。

3. 重复性。重复性是指传感器在输入按同一方向连续多次变动时所得特性曲线不一致的程度。图1-4所示为重复性示意图，图中ΔR_{max1}为正行程最大重复性偏差，ΔR_{max2}为反行程最大重复性偏差。

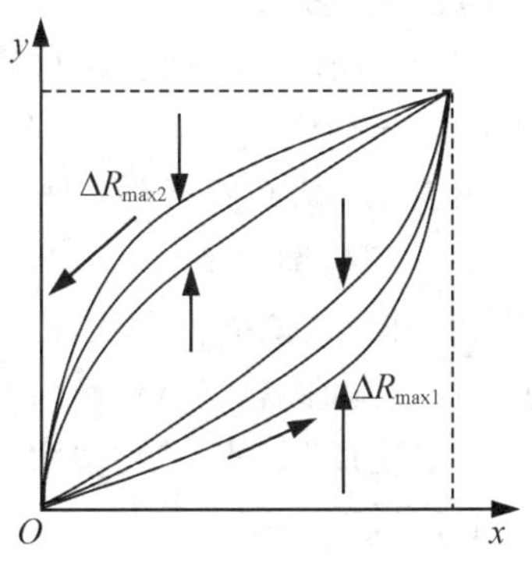

图1-4　重复性示意图

重复性误差可用正反行程的最大偏差表示，即

$$\gamma_R = \pm(\Delta R_{max}/y_{FS})\times 100\% \qquad (1-4)$$

4. 迟滞。传感器在正（输入量增大）反（输入量减小）行程中输出与输入曲线不重合称为迟滞。迟滞特性如图1–5所示，它一般是由实验方法测得。迟滞误差一般以满量程输出的百分数表示，即

$$\gamma_H = \pm(1/2)(\Delta H_{max}/y_{FS})\times 100\% \qquad (1-5)$$

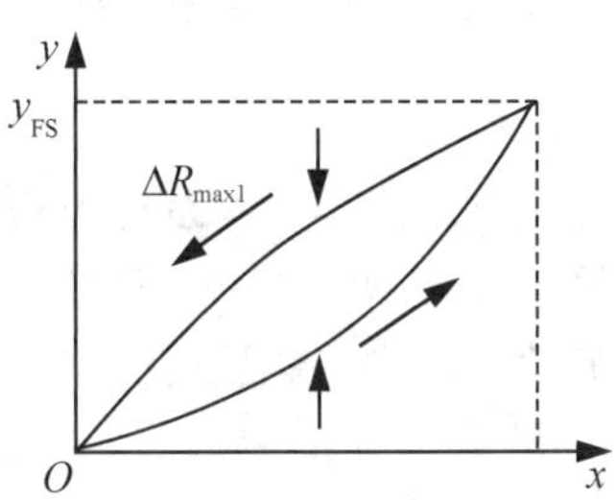

图1–5　迟滞特性示意图

式中　ΔH_{max}——正反行程间输出的最大差值。

迟滞误差的另一名称叫回程误差。回程误差常用绝对误差表示。检测回程误差，可选择几个测试点，对应于每一输入信号，传感器正行程及反行程中输出信号差值的最大值即为回程误差。

5. 分辨力。分辨力是指传感器能检测到的最小输入增量。有些传感器，当输入量连续变化时，输出量只做阶梯变化，则分辨力就是输出量的每个“阶梯”所代表的输入量的大小。

分辨力用绝对值表示，用与满量程的百分数表示时称为分辨率。在传感器输入零点附近的分辨力称为阈值。灵敏阈是指传感器能够区分出的最小读数变化量。

对于模拟式仪表，当输入量连续变化时，输出量只做阶梯变化，则分辨力就是输出量的每个阶梯所代表的输入量的大小。对于数字式仪表，灵敏度阈就是分辨力，即仪表指示数字的最后一位数字所代表的值。

6. 精确度。精确度是精密度与准确度两者的总和，精确度高表示精密度和准确度都比较高。在最简单的情况下，可取两者的代数和。

（1）精密度：说明测量传感器输出值的分散性，即对某一稳定的被测量，由同一个测量者，用同一个传感器，在相当短的时间内连续重复测量多次，其测量结果的分散程度。例如，某测温传感器的精密度为0.5℃。精密度是随机误差大小的标志，精密度高，意味着随机误差小。注意：精密度高不一定准确度高。

（2）准确度：说明传感器输出值与真值的偏离程度。例如，某流量传感器的准确度为0.3m^3/s，表示该传感器的输出值与真值偏离0.3m^3/s。准确度是系统误差大小的标志，准确度高，意味着系统误差小。但准确度高，不一定精密度高。

精密度、准确度和精确度三者之关系如图1-6表示。

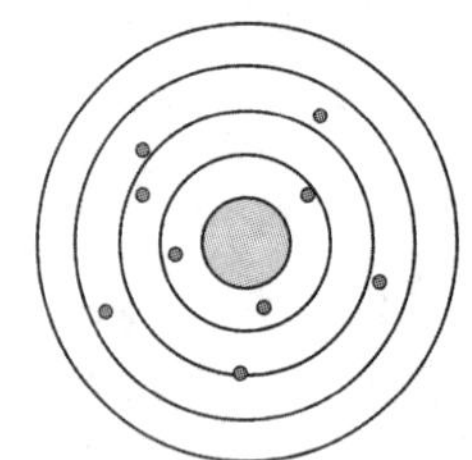

（a）准确度高而精密度低

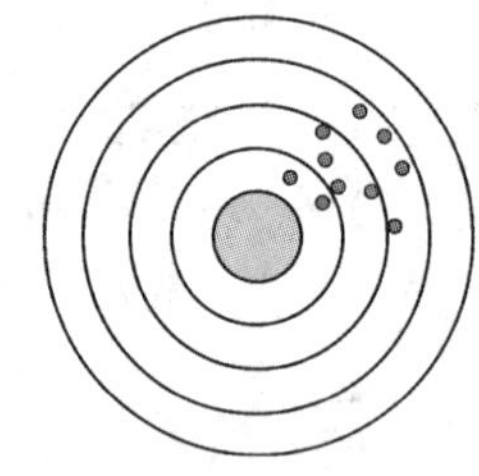

（b）准确度低而精密度高

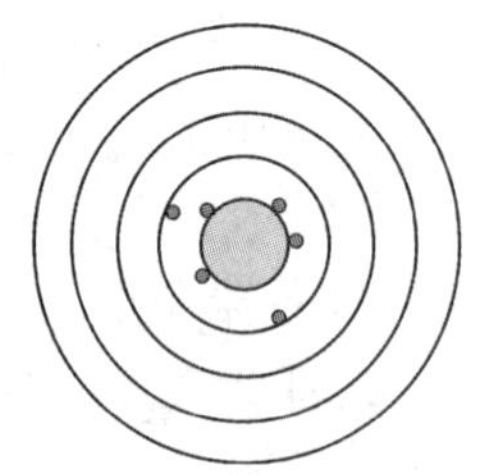

（c）精确度高

图1-6　精密度、准确度和精确度关系示意图

（二）传感器的动态特性

传感器的动态特性，是指传感器对随时间变化的输入量的响应特性。

被测量随时间变化的形式可能是各种各样的，只要输入量是时间的函数，则其输出量也将是时间的函数。通常研究动态特性是根据标准输入特性来考虑传感器的响应特性。标准输入有正弦变化的输入、阶跃变化的输入、线性输入三种。

传感器的动态特性主要考虑两项指标：动态响应时间和频率响应范围。实际上传感器响应动态信号时总有一定的延迟，即动态响应时间。在测量时总希望延迟时间越短越好。传感的频率响应范围是指传感器能够保持输出信号不失真的频率范围。传感器的频率响应特性决定了被测量的频率范围，传感器的频率响应高，可测信号的频率范围就宽。

四、传感器的选用准则

目前传感器的种类已经很多，而且今后还会越来越多，欲检测同一个参量就会有几种不同类型的传感器可用，因而正确地选定其中一种是十分重要的事。选择合适的传感器会给工作和经济带来效益，选择不合适的传感器会给工作和经济带来麻烦和损失。

（一）传感器应具备条件

对于传感器本身来说，希望具备以下条件，条件越优良越好，但是这些条件之间又是

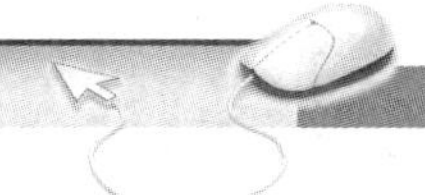

相互关联的，这个条件高了另一个条件就会降低。

1. 要有足够高的准确度、精密度、灵敏度和分辨力。

2. 响应速度要快，信噪比要小。

3. 稳定性要高，特性漂移要小。

4. 可靠性要高。

5. 能耐恶劣环境的影响，不受不被测参量变化的影响。

6. 不给被检测物增加负担，不影响被检测对象工作。

7. 小形轻量，操作简单，安装方便。

8. 价廉。

（二）传感器选择考虑因素

1. 与检测条件有关的因素。包括检测的目的、被测量的选择、测定范围、对精密度与准确度的要求、检测所用时间、输入信号超过额定值发生的可能性与频度等。

2. 与传感器性能有关的因素。包括精密度与准确度、稳定性与可靠性、灵敏度与分辨力、响应速度、输入与输出信号是否线性关系、对被测对象的干扰大小和输入信号过量时的保护、校定周期等。

3. 与使用条件有关的因素。包括装配的场所、环境（温度、湿度、振动、有害物质电磁干扰等）、检测时间、所需功率与电源（直流、交流）等。

4. 与购置和维护有关的因素。包括价格、交货期、维修方法、配件、保修期等。

从以上四个方面来考虑传感器的选择，综合平衡以达到较好的结果。

五、传感器的应用领域及发展趋势

（一）传感器的应用领域

随着电子计算机、生产自动化、现代信息、军事、交通、化学、环保、能源、海洋开发、遥感、宇航等科学技术的发展，对传感器的需求量与日俱增，其应用的领域已渗入到国民经济的各个部门以及人们的日常生活之中。可以说，从太空到海洋，从各种复杂的工程系统到人们日常生活的衣食住行，都离不开各种各样的传感器，传感技术对国民经济的发展日益起着巨大的作用。现就传感器在一些主要领城中的应用进行简要介绍：

1. 传感器在工业检测和自动控制系统中的应用。传感器在工业自动化生产中占有极其重要的地位。在石油、化工、电力、钢铁、机械等加工工业中，传感器在各自的工作岗位上担负着相当于人们感觉器官的作用，它们每时每刻地按需要完成对各种信息的检测，再把大量测得的信息通过自动控制、计算机处理等进行反馈，用以进行生产过程、质量、工艺管理与安全方面的控制。 在自动控制系统中，电子计算机与传感器有机地结合在实现控制的高度自动化方面起到了关键的作用。

2. 传感器在汽车上的应用。目前，传感器在汽车上的应用已不仅局限于对行驶速度、行驶距离、发动机旋转速度上。由于汽车交通事故的不断增多和汽车对环境的危害，传感器在一些新的设施，如汽车安全气囊系统、防盗装置、防滑控制系统、防抱死装置、电子变速控制装置、排气循环装置、电子燃料喷射装置及汽车“黑匣子”等都得到了实际应用。可以预测，随着汽车电子技术和汽车安全技术的发展，传感器在汽车领域的应用将会更加广泛。

3. 传感器在家用电器及智能家居上的应用。现代家用电器中普遍应用着传感器，在电子炉灶、自动电饭锅、吸尘器、空调器、电子热水器、热风取暖器、风干器、报警器、电熨斗、电风扇、游戏机、电子驱蚊器、洗衣机、洗碗机、照相机、电冰箱、彩色电视机、录像机、录音机、收音机、电唱机及家庭影院等方面得到了广泛的应用。随着人们生活水平的不断提高，对提高家用电器产品的功能及自动化程度的要求极为强烈，为满足这些要求，首先要使用能检测模拟量的高精度传感器，以获取正确的控制信息，再由微型计算机进行控制，使家用电器的使用更加方便、安全、可靠，并减少能源消耗，为更多的家庭创造一个舒适的生活环境。

4. 传感器在机器人上的应用。目前，在劳动强度大或危险作业的场所，已逐步使用机器人取代人的工作。一些高速度、高精度的工作，由机器人来承担也是非常合适的。但这些机器人多数用来进行加工、组装、检验等工作，应用于生产的自动机械式的单能机器人，其身上仅采用了检测臂的位置和角度传感器。要使机器人和人的功能更为接近，以便从事更高级的工作，要求机器人能有判断能力，这就要给机器人安装物体检口传感器，特别是视觉传感器和触觉传感器，使机器人通过视觉对物体进行识别和检测，通过触觉对物体产生压觉、力觉、滑动感觉和重量感觉。这类机器人被称为智能机器人，它不仅可以从事特殊的作业，而且一般的生产、事务和家务等方面全部可由智能机器人去处理。

5. 传感器在医疗及人体医学上的应用。随着医用电子学的发展，仅凭医生的经验和感觉进行诊断的时代将会结束。现在，应用医用传感器可以对人体的表面和内部温度、血压及腔内压力、血液和呼吸流量、肿瘤、血液进行分析，同时对脉波及心音、心脑电波等进行高难度的诊断。显然，传感器对促进医疗技术的高度发展起着非常重要的作用。为增进全国人民的健康水平，我国医疗制度的改革，将把医疗服务对象扩大到全民。以往的医疗工作仅局限于以治疗疾病为中心，今后，医疗工作将在疾病的早期诊断、早期治疗、远距离诊断及人工器官的研制等广泛范围内发挥作用，而传感器在这些方面将会得到越来越多的应用。

6. 传感器在环境保护上的应用。目前，环球的大气污染、水质污浊及噪声已严重地破坏了地球的生态平衡和我们赖以生存的环境，这一现状已引起世界各国的重视。为保护环境，利用传感器制成的各种环境监测仪器正在发挥着积极的作用。

7. 传感器在航空及航天上的应用。在航空及航天的飞行器上广泛地应用着各种各样的传感器。为了解飞机或火箭的飞行轨迹，并把它们控制在预定的轨道上，就要使用传感器进行速度、加速度和飞行距离的测量。要了解飞行器飞行的方向，就必须掌握它的飞行姿态，我们可以使用红外水平线传感器陀螺仪、阳光传感器、星光传感器及地磁传感器等进行测量。此外，对飞行器周围的环境、飞行器本身的状态及内部设备的监控也都要通过传感器进行检测。

8. 传感器在遥感技术中的应用。所谓遥感技术，简单地说就是从飞机、人造卫星、宇宙飞船及船舶上对远距离的广大区域的被测物体及其状态进行大规模探测的一门技术。

在飞机及航天飞行器上装用的传感器是近紫外线、可见光、远红外线及微波等传感器。在船舶上向水下观测时多采用超声波传感器。例如，要探测一些矿产资源埋藏在什

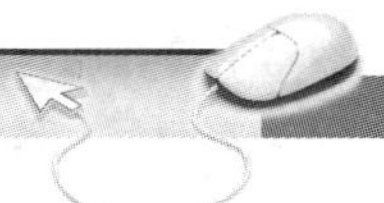

么地区，就可以利用人造卫星上的红外接收传感器对地面发出的红外线的量进行测量，然后由人造卫星通过微波再发送到地面站，经地面站计算机处理，便可根据红外线分布的差异判断出埋有矿藏的地区。遥感技术目前已在农林业、土地利用、海洋资源、矿产资源、水利资源、地质、气象、军事及公害等领域得到应用。

（二）传感器及技术发展趋势

传感器在科学技术领域、工农业生产以及日常生活中发挥着越来越重要的作用，对传感器的需求量日益增多，对传感器的性能要求越来越高。随着现代科学技术突飞猛进的发展，传感器也在不断地更新发展，主要表现以下趋势：

1. 高性能、低成本、微型化。传感器的工作机理是基于各种效应和定律，由此启发人们进一步探索具有新效应的敏感功能材料，并以此研制出具有新原理的新型物性型传感器件，这是发展高性能、多功能、低成本和小型化传感器的重要途径。结构型传感器发展得较早，目前日趋成熟。结构型传感器，一般来说，它的结构复杂，体积偏大，价格偏高。物性型传感器大致与之相反，具有不少诱人的优点，加之过去发展也不够。世界各国都在物性型传感器方面投入大量人力、物力加强研究，从而使它成为一个值得注意的发展动向。 利用MEMS（微电子机械系统）技术和计算机辅助设计技术将微米数量级的敏感元件、信号处理器、数据处理装置封装在同一芯片上，具有体积小、价格低、工作寿命长的特点，并且可以提高系统测试准确度，已经开始取代传统传感器。以智能手机为例，当下手机除了性能外，大家都在比谁的手机做得更薄，这也就要求其使用的传感器要有小体积和低功耗的特征。

2. 高集成、多功能、智能化。传感器集成化包括两种定义，一是同一功能的多元件并列化，即将同一类型的单个传感元件用集成工艺在同一平面上排列起来，排成一维的为线性传感器，CCD（Charged Coupled Device,电荷耦合器件）图像传感器就属于这种情况。集成化的另一个定义是多功能一体化，即将传感器与放大、运算以及温度补偿等环节一体化，组装成一个器件。

随着集成化技术的发展，各类混合集成和单片集成式压力传感器相继出现，有的已经成为商品。集成化压力传感器有压阻式、电容式等类型，其中压阻式集成化传感器发展快、应用广。

传感器的多功能化也是其发展方向之一。把多个功能不同的传感元件集成在一起，除可同时进行多种参数的测量外，还可对这些参数的测量结果进行综合处理和评价，可反映出被测系统的整体状态。由此还可以看出，集成化为固态传感器带来了许多新的机会，同时它也是多功能化的基础。例如，针对当下手机内部（这里指手机主板）空间有限，每个传感器作为一个模块嵌入会降低手机内部空间利用率，如何将5～10种传感器，甚至更多功能的传感器集成起来，做成一个组合传感器，就成了当下传感器厂商及设备厂商需要考虑的一个问题。

传感器与微处理机相结合，使之不仅具有检测功能，还具有信息处理、逻辑判断、自诊断以及“思维”等人工智能，就称之为传感器的智能化。借助于半导体集成化技术把传感器部分与信号预处理电路、输入与输出接口、微处理器等制作在同一块芯片上，即成为大规模集成智能传感器。可以说智能传感器是传感器技术与大规模集成电路技术相结

合的产物，它的实现将取决于传感技术与半导体集成化工艺水平的提高与发展。这类传感器具有多能、高性能、体积小、适宜大批量生产和使用方便等优点，可以肯定地说，是传感器重要的方向之一。

3. 新材料、新工艺、无线传输。传感器材料是传感器技术的重要基础，是传感器技术升级的重要支撑。材料科学的进步，传感器技术日臻成熟，其种类越来越多，除了早期使用的半导体材料、陶瓷材料以外，光导纤维以及超导材料的开发，为传感器的发展提供了物质基础。例如，根据以硅为基体的许多半导体材料易于微型化、集成化、多功能化、智能化，以及半导体光热探测器具有灵敏度高、精度高、非接触性等特点，发展红外传感器、激光传感器、光纤传感器等现代传感器；在敏感材料中，陶瓷材料、有机材料发展很快，可采用不同的配方混合原料，在精密调配化学成分的基础上，经过高精度成型烧结，得到对某一种或某几种气体具有识别功能的敏感材料，用于制成新型气体传感器。此外，高分子有机敏感材料，是近几年人们极为关注的具有应用潜力的新型敏感材料，可制成热敏、光敏、气敏、湿敏、力敏、离子敏和生物敏等传感器。传感器技术的不断发展，也促进了更新型材料的开发，如纳米材料等。近年来，生物体材料发展迅速，一般说来，它能适应环境调节其灵敏度。除了生物体材料外，最引人注目的智能材料是形状记忆合金、形状记忆陶瓷和形状记忆聚合物。智能材料的探索工作刚刚开始，相信不久的将来会有很大的发展。

在发展新型传感器中，离不开新工艺的采用。新工艺的含义范围很广，这里主要指与发展新兴传感器联系特别密切的微细加工技术。该技术又称微机械加工技术，是近年来随着集成电路工艺发展起来的，它是离子束、电子束、分子束、激光束和化学刻蚀等用于微电子加工的技术，目前已越来越多地用于传感器领域。例如，溅射、蒸镀、等离子体刻蚀、化学气体淀积（CVD）、外延、扩散、腐蚀、光刻等，迄今，已有大量采用上述工艺制成传感器的国内外报道。

传感器是工业互联网的基础和核心，是自动化智能设备的关键部件。工业互联网的蓬勃发展，将给传感器企业带来巨大的机会，传感器采集的数据将从有线传输被无线传输替代。例如，窄带物联网技术（NB-IoT）是一种优秀的无线传输技术，尤其是在工业物联网、物流等领域的应用将会为相关行业发展带来很大的帮助。物联网终端的规模和数量都很大，预计到2025年将会有750亿个物联网设备投入使用，其中工业、物流、健康、医疗都将会是热门应用领域，都将有望达到千亿美元规模。这也将会进一步带动未来传感器行业的提升。

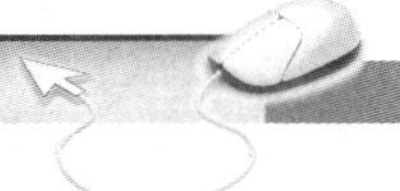

1.2 工业机器人传感器及其分类

一、机器人与传感器

机器人是由计算机控制的复杂机器，它具有类似人的肢体及感官功能，动作程序灵活，有一定程度的智能，在工作时可以不依赖人的操纵。机器人传感器在机器人的控制中起着非常重要的作用，正因为有了传感器，机器人才具备了类似人类的知觉功能和反应能力。

研究机器人，首先从模仿人开始，通过考察人的劳动我们发现，人类是通过五种熟知的感官（视觉、听觉、嗅觉、味觉、触觉）接收外界信息的，这些信息通过神经传递给大脑，大脑对这些分散的信息进行加工、综合后发出行为指令，调动肌体（如手、足等）执行某些动作。如果希望机器人代替人类劳动，则发现大脑可与当今的计算机相当，肌体与机器人的机构本体（执行机构）相当，五官可与机器人的各种外部传感器相当，与五官对应的传感器见表1-1。

表1-1　与五官对应的传感器

感觉	传感器（举例）	反应机理
视觉	光敏传感器	物理效应
听觉	声敏传感器	物理效应
触觉	压敏传感器	物理效应
嗅觉	气敏传感器	化学、生物效应
味觉	味敏传感器	化学、生物效应

人类对事物的认识有很大一部分是靠眼睛，人的眼睛是一对十分巧妙的光传感器。现代机器人的眼睛也是一个十分关键的传感部件，它极大地影响着机器人的功能。近来研制了一种非晶硅，用它制作的光电池，不仅吸光效应良好，光谱灵敏度与人眼十分接近，而且价格低廉。所以，用它做成光传感器来给机器人配眼睛比较理想，它可使机器人有效地辨认物体的形状和颜色。

光传感器虽然在许多方面不如人眼，但在有的方面却又大大超过人的眼睛。例如，人眼只能看到可见光谱范围内的东西，而目前工程技术上用的光传感器却能有效地检测出人眼看不见的光线，如短波长的紫外线、X射线、Y射线以及长波长的红外线等。光传感器的分辨能力虽不如人眼，但它能不知疲倦地在生产第一线检测人眼受不了的强光或感觉不出的微光。人眼对外来光线刺激的响应速度大约只有0.1s左右，而现代光传感器的响应速度可达毫微秒级，比人眼快千万倍。

机器人则是通过各种传感器得到感觉信息的。其中，传感器处于连接外界环境与机器人的接口位置，是机器人获取信息的窗口。要使机器人拥有智能，对环境变化做出反应，首先必须使机器人具有感知环境的能力，用传感器采集信息是机器人智能化的第一步；其次，如何采取适当的方法，将多个传感器获取的环境信息加以综合处理，控制机器人进行智能作业，则是提高机器人智能程度的重要体现。因此，传感器及其信息处理系统，是构成机器人智能的重要部分，它为机器人智能作业提供基础。

工业机器人是用来进行搬运材料、零件、工具等可再编程的多功能机械手，或通过不同程序的调用来完成各种工作任务的特殊装置。工业机器人在机械结构上有类似人的行走、腰转、小臂、大臂、手腕、手爪等部分，在控制上有电脑。此外，工业机器人还有许多类似人类的“生物传感器”，如皮肤型接触传感器、力传感器、负载传感器、视觉传感器、声觉传感器、语言功能等。传感器提高了工业机器人对周围环境的适应能力。

一个日产万吨的炼铁高炉，就有一百多种传感器从七、八百个检测点探测它在生产过程中的各种信息，送到控制室由计算机处理，作为人们权衡操作方法的依据。现代化工厂，正在向生产无人化发展，它不仅需要对生产过程的参数（温度、流量、压力、料位等）及时作出检测，而且更要进行成分分析。目前，生产过程的成分分析仍是一大难题，它的解决也有赖于传感器。成千上万在艰难和危险的环境中工作的机器人、机械手，出色地完成了任务，它们灵敏的“五官”就是传感器。工业机器人在各种作业中所需传感器的重要性见表1-2。

表1-2　工业机器人在各种作业中所需传感器的重要性

作业种类	触觉传感器	视觉传感器	接近觉传感器
组装	★	★	★
检测	★	★	★
去毛刺	★	★	★
医疗检查	★	★	★
搬运	★	★	★
分拣	★	★	★
宇宙空间操作	★	★	★
外科手术	★	★	★
水下操作	★	●	★
机械加工	▲	★	★
焊接	▲	★	★
铸造	●	▲	★
采矿	●	▲	★
涂装	●	★	★
打印	●	▲	★

注：★很重要；▲重要；●不重要。

二、工业机器人传感器的分类

工业机器人所要完成的工作任务不同，所配置的传感器类型和规格也就不相同。工业机器人传感器一般可分为内部传感器和外部传感器两大类，图1-7所示为传感器系统在工业机器人中的工作流程图。

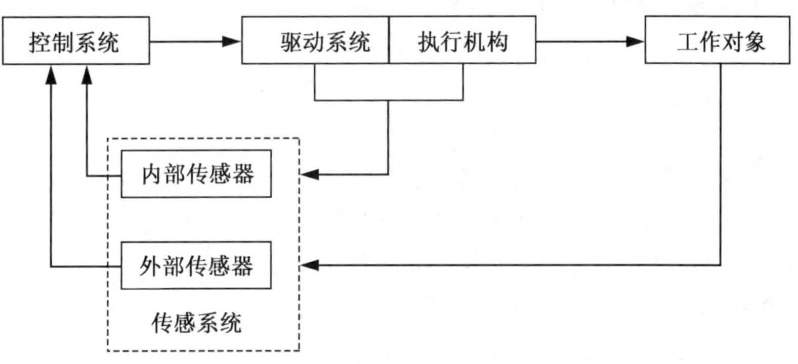

图1-7　传感器系统在工业机器人中的工作流程图

1. 内部传感器。用来确定机器人在其自身坐标系内的姿态位置，是完成机器人运动控制（驱动系统及执行机械）所必需的传感器，如用来测量位移、速度、加速度和应力的通用型传感器，是构成机器人不可缺少的基本元件。

2. 外部传感器。用来检测机器人所处环境、外部物体状态或机器人与外部物体（即工作对象）的关系，负责检验诸如距离、接近程度和接触程度之类的变量，便于机器人的引导及物体的识别和处理。常用的外部传感器有力觉传感器、触觉传感器、接近觉传感器、视觉传感器等。一些特殊领域应用的机器人还可能需要具有温度、湿度、压力、滑动量、化学性质等感觉能力方面的传感器。工业机器人传感器的分类如图1-8所示。

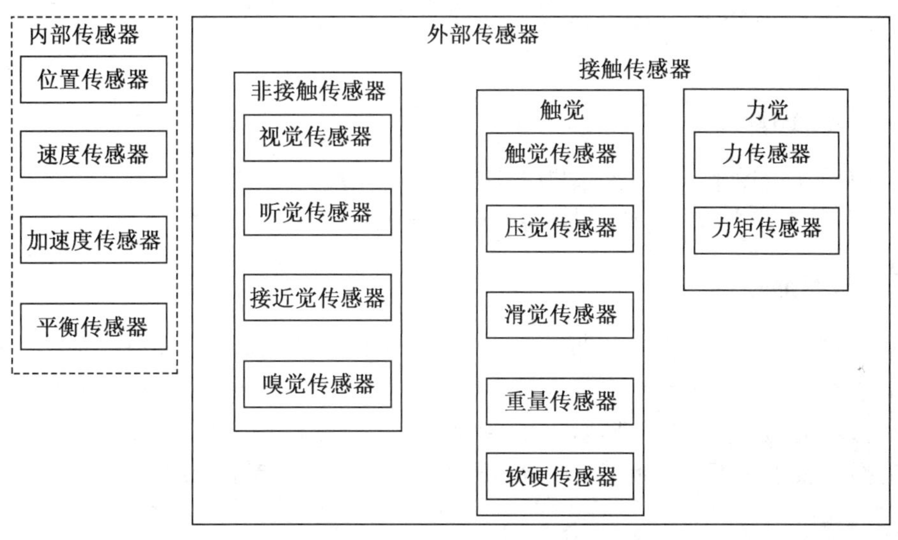

图1-8　工业机器人传感器的分类

三、工业机器人传感器的一般要求

工业机器人用于执行各种加工任务，如物料搬运、装配、焊接、喷涂、检测等，不同的任务对工业机器人提出不同的要求。例如，搬运任务和装配任务对传感器要求主要是力觉、触觉和视觉；焊接任务、喷涂任务和检测任务对传感器要求主要是接近觉、视觉，不论哪一类，工业机器人传感器一般要求如下：

1. 精度高、重复性好。机器人传感器的精度直接影响机器人的工作质量，所以用于检测和控制机器人运动的传感器是控制机器人定位精度的基础，机器人能否准确无误地正常工作往往取决于传感器的测量精度。

2. 稳定性好，可靠性高。机器人经常在无人照管的条件下代替人工操作，万一它在工作中出现故障，轻则影响生产的正常进行，重则造成严重的事故，所以机器人传感器的稳定性和可靠性是保证机器人能够长期稳定可靠地工作的必要条件。

3. 抗干扰能力强。机器人传感器的工作环境往往比较恶劣，故机器人传感器应当能够承受强电磁干扰、强振动，并能够在一定的高温、高压、高污染环境中正常工作。

4. 重量轻、体积小、安装方便可靠。对于安装在机器人手臂等运动部件上的传感器，重量要轻，否则会加大运动部件的惯性，影响机器人的运动性能。对于工作空间受到某种限制的机器人，机器人传感器的体积和安装方向的要求也是必不可少的。

5. 价格便宜，安全性能好。传感器的价格直接影响到工业机器人的生产成本，传感器价格便宜可降低工业机器人的生产成本。另外，传感器除满足工业机器人控制要求外，应保证机器人具有安全工作而不受损坏等要求及其他辅助性要求。

1.3 工业机器人常见传感器

一、任务目标

1. 辨识了解各种传感器的类型及其功能。
2. 寻找某工业机器人的传感器，说明名称及作用。

二、任务描述

学完本项目之后，老师可以带领学生走进学校的工业机器人传感器实训工场（或某企业自动化生产线）。老师应事先介绍学校的工业机器人传感器实训工场（或某企业自动化生产线）地理位置，进入工场的任务要求，特别是安全注意事项。按小组准备各种类型的传感器，要求学生分小组辨识并分析某工业机器人传感器和应用。

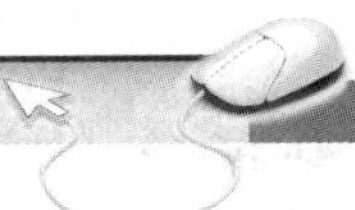

三、任务准备

（一）小组分工

根据班级规模将学生分成若干个小组，每组以5～6人为宜，并事先讨论推荐1人为小组长，负责组织本组工作的计划、实施及讨论汇总和统一协调；1人为汇报人，负责本小组工作情况汇报交流。每组填写本小组成员的分工安排表见表1-3。

表1-3　本小组成员的分工安排表

小组长	汇报人	成员1	成员2	成员3	成员4

（二）工量具、材料准备

为完成工作任务，每个工作小组需要准备工量具、文具、材料等，凡属借用的，在完成工作任务后及时归还。工作任务准备清单见表1-4。

表1-4　工作任务准备清单

序号	名称	规格型号	单位	数量	是否自备	申领（借用人）

四、任务计划（决策）

根据小组讨论内容，以框图的形式展示并说明观察工业机器人传感器的顺序，将观察传感器的顺序绘制在下面的框内。

观察顺序

五、任务实施

（一）查询各种类型传感器

根据老师提供各种类型传感器，通过查询文献、网络搜寻等方法，收集这些传感器的信息。将它们的类型、基本原理、特点及适用范围填入表1-5中。

表1-5　传感器的信息

名称	类型	基本原理	特点	适用范围

（二）观察工业机器人上传感器的作用

将观察到的工业机器人上传感器的作用填入表1-6中。

表1-6　工业机器人上传感器的作用

序号	传感器名称	作用

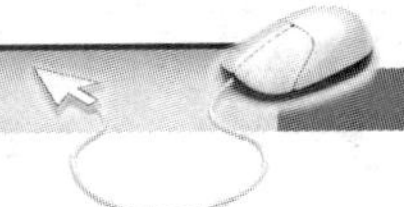

六、任务检查（评价）

1. 各小组汇报人展示，并说明过程。
2. 小组其他人员补充。
3. 其他小组成员提出建议。
4. 填写评价表。任务检查评价见表1-7。

表1-7　任务检查评价表

小组名称：		小组成员：				
评价项目	评价内容	本组自评	组间互评	教师评价	权重	得分小计
职业素养	1. 遵守规章制度 2. 按时完成工作任务 3. 积极主动承担工作任务 4. 注意人身安全、设备安全 5. 遵守“6S”规则 6. 发挥团队协作精神，专心、精益求精				0.3	
专业能力	1. 工作准备充分 2. 说明传感器正确、齐全、图面清晰 3. 说明作用完整、正确，指出并及时纠正错误				0.5	
创新能力	1. 方案计划可行性强 2. 提出自己的独到见解，及其他创新				0.2	
合计						
描述性评价						

七、任务拓展

网上搜寻某生产线上工业机器人，并绘图说明该生产线上传感器的种类及作用。

思考与练习

一、填空题

1. 现代信息技术包含__________、__________、__________三大技术。

2. 传感器由__________、__________基本转换电路及辅助电源组成。

3. 按照结构参数在信号变换过程中是否发生变化，传感器可分为__________、__________。

4. 按照敏感元件与被测对象之间能量关系，传感器可分为__________、__________两种。

5. 按照输出信号的性质，传感器可分为__________、__________两种。

6. 按照传感器与被测对象关联方式，传感器可分为__________、__________两种。

7. 按照作用形式，传感器可分为__________、__________两种。

8. 按照传感器的构成来分，传感器可分为__________、__________、__________三种。

9. 当输入量为常量或变化极慢时，这一关系称为传感器的__________。

10. 通常静态特性指标有__________、__________、__________、__________迟滞和分辨力等。

11. 精确度是__________、__________两者总和。

12. 动态特性主要考虑的两项指标：__________、__________。

13. 因为有了传感器，机器人才具备了类似人类的__________和__________。

14. 人类是通过五种熟知的感官（__________、__________、__________、__________、__________）接收外界信息的。机器人则是通过各种__________得到感觉信息的。

15. 工业机器人所要完成的任务不同，配置的传感器类型和规格也不相同，一般分为__________、__________。

16. 内部传感器用来确定机器人在__________的姿态位置，完成机器人运动控制所必需的传感器。

17. 外部传感器用来__________机器人所处环境、外部物体状态或机器人与__________的关系。

18. 工业机器人传感器的一般要求__________、__________、__________、__________、__________。

二、选择题

1. 现代信息技术中信息采集依靠的技术是（　　）。

A. 机器人技术　　B. 传感器技术

C. 通信技术　　D. 计算机技术

2. 下列属于用电磁感应原理制作的传感器是（　　）。

A. 电感式传感器　　B. 电容式传感器

C. 光电式传感器　　D. 电涡流式传感器

3. 下列属于物性型的传感器是（　　）。

A. 电感式传感器　　B.电容式传感器

C. 光电式传感器　　D. 电位差计式传感器

4. 下列属于能量转换型的传感器是（　　）。

A. 电感式传感器　　B. 电容式传感器

C. 光电式传感器　　D. 压电式传感器

5. 传感器能检测到的最小输入增量的性能指标是（　　）。

A. 灵敏度　　B. 分辨力

C. 精确度　　D. 线性度

6. 动态特性响应中，标准的输入信号形式有（　　）。

A. 正弦信号　　B. 阶跃信号

C. 线性信号　　D. 非线性信号

7. 人类触觉对应机器人的传感器是（　　）。

A. 光敏传感器　　B. 声敏传感器

C. 压敏传感器　　D. 气敏传感器

8. 工业机器人在焊接、铸造、涂装、水下操作等作业中，属于很重要的传感器是（　　）。

A. 触觉传感器　　B. 视觉传感器

C. 接近觉传感器　　D. 声觉传感器

9. 下列不属于工业机器人外部传感器的是（　　）。

A. 视觉传感器　　B. 接近觉传感器

C. 触觉传感器　　D. 位置传感器

10. 下列不属于工业机器人内部传感器的是（　　）。

A. 速度传感器　　B. 姿态（平衡）传感器

C. 力矩传感器　　D. 位置传感器

三、判断题

1. 转换电路是指敏感元件感受或响应被测量转换成适用于传输或测量的电信号。（　　）

2. 应变片式电阻传感器是属于结构型传感器。（　　）

3. 压电式传感器属于能量控制型传感器。（　　）

4. 当输入量为常量或变化极慢时，这一关系称为传感器的静态特性。（　　）

5. 灵敏度是输出变化量与引起该变化量的输入变化量之比。（　　）

6. 精密度越高准确度也越高。（　　）

7. 磁力吸盘能够吸住所有金属材料制成的工件。（　　）

四、简答题

1. 夹持式取料手由哪些部分组成？各部分的作用是什么？
2. 吸附式取料手由哪些部分组成？各部分的作用是什么？
3. 机器人的手臂有哪些分类方式？简述各种分类方式下的分类。
4. 常见的机器人的基座有哪几种？

项目二　工业机器人内部传感器

工业机器人传感器可分为内部传感器和外部传感器两大类。所谓工业机器人内部传感器是以本身的坐标轴确定其位置，安装在工业机器人自身中，用来感知工业机器人自身的状态，以调整和控制工业机器人的行动。

工业机器人内部传感器包括位置传感器、角度传感器和速度、角速度传感器及温度传感器等。由于内部传感器安装在工业机器人本体内部，所以本项目重点学习传感器的作用、安装位置及信号采集方式。

2.1 位置传感器

一、位置传感器的概述

位置传感器是用来感受被测物的位置并转换成可用输出信号的传感器，主要用来检测位置，反映某种状态的开、关。位置传感器只反映被测物经过一个点的信息，这个信息是通过开、关的形式转换为电信号。位置传感器在工业机器人中有以下两种作用：

1. 检测规定的位置。位置传感器常用“ON”“OFF”两个状态值检测机器人的起始原点、终点位置或某个确定的位置。规定位置的检测常用微型开关、光电开关等检测元件，当规定的位移量或力作用在微型开关的可动部分上，开关的电气触点（常闭）断开或（常开）接通并向控制回路发出动作信号。

2. 测量可变位置和角度。测量机器人关节线位移和角位移的传感器是机器人位置反馈控制中必不可少的元件。常用的有电位器、编码器、光栅式位置传感器等，其中编码器既可以检测直线位移，又可以检测角位移。

二、电位式位置传感器

典型的位置传感器是电位计（称为电位差计或分压计），它由一个线绕电阻（或薄膜电阻）和一个滑动触点组成。其中滑动触点通过机械装置受被检测量的控制。当被检测的位置量发生变化时，滑动触点也发生位移，改变了滑动触点与电位器各端之间的电阻和输出电压，根据这种输出电压的变化，可以检测出机器人各关节的位置和位移量。

如图2-1所示，这是一个直线型电位式位置传感器的实例，在载有物体的工作台下面有与电阻接触的触头，当工作台在左右移动时接触触头也随之左右移动，从而移动了与电阻接触的位置。其检测的是以电阻中心为基准位置的移动距离。电刷固定在被测控物体上，电阻丝的一个固定端和滑动的触点之间的电阻是与被测量值位移X相对应的，R为电位器总电阻，L为电位器总行程，X为电刷行程，R_X为对应电刷行程X的电阻值。

（a） 实物图

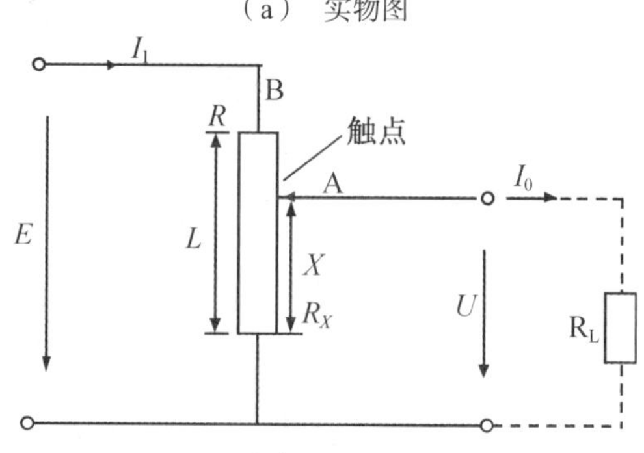

（b） 原理图

图2-1 直线型电位式位置传感器的实物图和原理图

当被测非电量（如位移量）变化时，使活动触点带动电位器上的电刷滑动到相应位置，由于在电位器两端加有电压E，整个电阻回路上就有电流通过。故通过图中电压的数值就可计算出位移量X。

$$U=(E/L)X \text{或} X=LU/E$$

如果把图2-1所示的电阻元件弯成圆弧形，可动触头的另一端固定在圆的中心，并像时针那样回转时，由于电阻随相应的回转角而变化，基于上述原理可构成旋转型电位式位置传感器。其实物如图2-2（a）所示，旋转型电位式位置传感器的工作原理示意图如图2-2（b）所示。

（a） 实物图

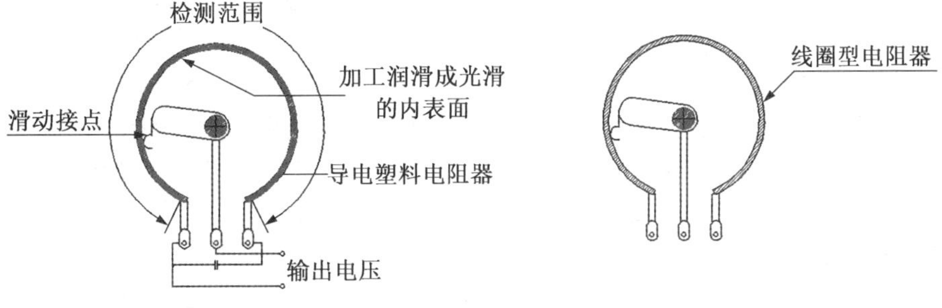

（b） 原理图

图2-2　旋转型电位式位置传感器的实物图和原理图

电位式位置传感器的优点是输出功率大，结构简单，使用方便，输入信号大；其缺点是分辨力低，寿命短，可靠性差，滑动电阻器触点滑动时，触点电刷与电阻器之间可能因腐蚀生锈或灰尘等引起接触电阻，产生噪声，易产生接触不良。实际的线绕电位器的电刷移动是在电阻导线间一匝一匝地滑动的，当电刷处于两匝之间时，相邻两匝导线被电刷短路，使总匝数减小一匝，此时电阻有一微小变化，输出电压也会出现一个小小的跳变；当电刷正好脱离前一匝而只与后一匝接触时，输出电压（电阻）又出现一次稍大点的跳变。因此，在电刷的整个行程中，输出电压（电阻）每经一匝导线时均要发生一次小小的跳变和一次稍大点的跳变，使输出电压（电阻）不连续。若改用金属蒸镀膜电位器、碳素膜电位器、导电塑料电位器和光电电位器等非线绕式电位器则能获得连续变化的电阻，适用于几毫米到几十毫米的位移测量，精度一般在0.5%～1%的范围内、重复测量次数少的场合。电位器测量仪表可以用来测量运动体的位移、物体的位置、液体的液面位置等，不仅可测量线位移，也可用来测量角度位移。

三、编码器式位置传感器

编码器式位置传感器是基于脉冲编码器的原理。编码器式位置传感器用以测量轴的旋转角度位置变化、旋转速度变化或直线位置变化等，其输出信号为电脉冲。它通常与驱动电动机同轴安装，驱动电动机可以通过齿轮箱或同步齿轮驱动丝杠，也可以直接驱动丝杠。脉冲编码器随着电动机的旋转，可以连续发出脉冲信号。例如，电动机每转一圈，脉冲编码器可发出2 000个均匀的方波信号，微处理器通过对该信号的接收、处理、计数即可得到电动机的旋转角度，从而算出被控对象的位置。目前，脉冲编码器可发出数百至数万个方波信号，因此可满足高精度位置检测的需要。按码盘的读取方式，脉冲编码器可分为光电式、接触式（电阻式）和电磁式。就精度与可靠性而言，光电式脉冲编码器优于其他两种。根据编码类型，光电旋转编码器分为绝对式编码器和增量式旋转编码器。

1. 绝对式编码器。绝对式编码器是在码盘的每一转角位置刻有表示该位置的唯一代码，因此称为绝对码盘。对于编码的识别方式同样包括光电式、电磁感应式和电阻式（接触式）。

绝对式编码器是通过读取编码盘上的图案来表示数值的。图2-3（a）所示为电阻式四码道接触式二进制编码盘结构及工作原理图，其中黑色部分为导电部分，表示为“1”，白色部分为绝缘部分，表示为“0”，4个码道都装有电刷，最里面一圈为公共极，如图2-3（b）所示。由于4个码道产生四位二进制数，码盘每转一周产生0000～1111十六个二进制数，因此将码盘圆周分成16等分。当码盘旋转时，4个电刷依次输出16个二进制编码0000～1111，编码代表实际角位移，码盘分辨率与码道多少有关，n位码道角盘分辨率为：

$$\theta=\frac{360°}{2^n} \tag{2-1}$$

用二进制代码做的码盘，如果电刷安装不准，会使得个别电刷错位，而出现很大的数值误差。在图2-3（a）所示中，当电刷由位置0111向1000过渡时，可能会出现从8（1000）到15（1111）之间的读数误差，一般称这种误差为非单值性误差。为消除这种误差，可采用格雷码盘，如图2-4（a）所示。格雷码盘的特点是每相邻十进制数之间只有一位二进制码不同，图案的切换只用一位数（二进制的位）进行，所以能把误差控制在一个数单位之内，提高了可靠性。光电式读码器的结构如图2-4（b）所示。

与旋转编码相似的另一种编码方式为平动编码。平动编码器的工作原理如图2-5所示。它可以用来测量平动位移（直线位移），同样，不同的编码代表着不同的位移量。

另外一种测量直线位移的方法是将直线位移通过螺杆和丝杆将直线位移转变成角位移，再用旋转编码器进行测量，其原理如图2-6所示。

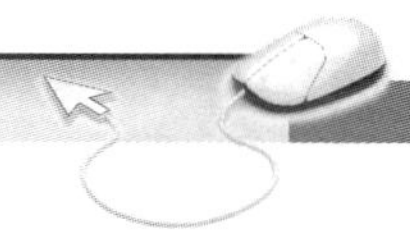

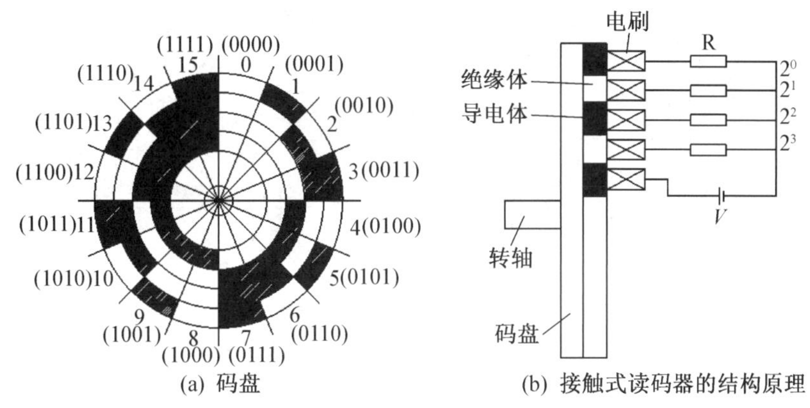

图2-3　四码道接触式二进制编码盘结构及工作原理

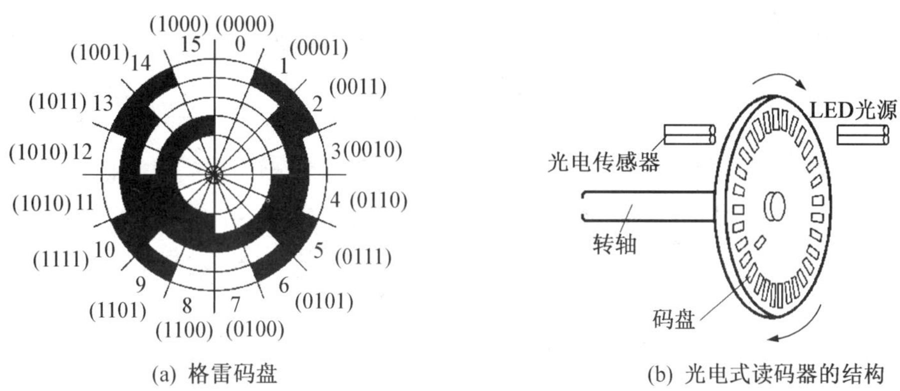

图2-4　格雷码盘示意图

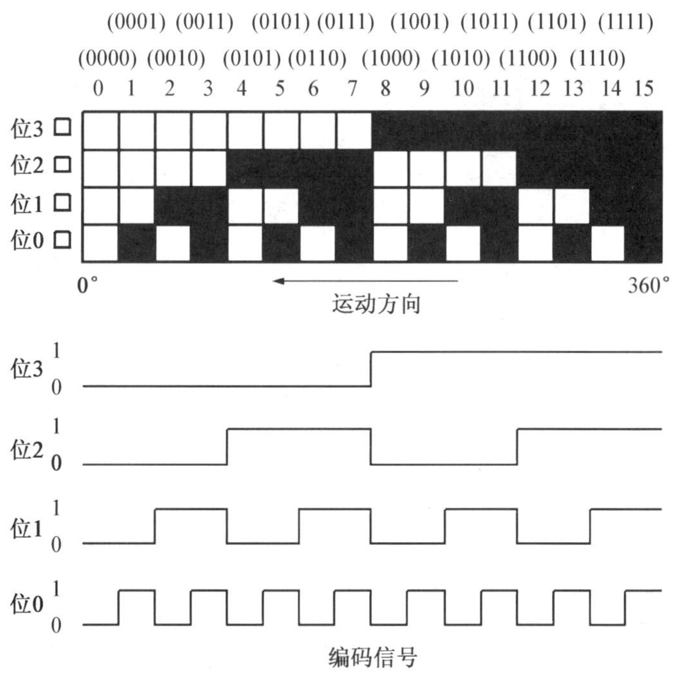

图2-5　平动编码器示意图

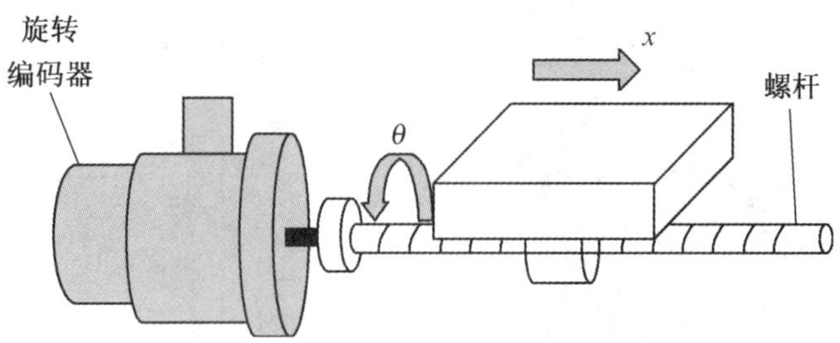

图2-6　旋转编码器测量直线位移示意图

2. 增量式旋转编码器。增量式光电脉冲编码器亦称光电码盘、光电脉冲发生器等。增量式光电编码器结构如图2-7所示，主要由光源、透镜、光栅板、码盘基片、透光狭缝、光敏元件、信号处理装置和显示装置等组成。在码盘基片的圆周上等分地刻出几百条到上千条透光狭缝。光栅板透光狭缝为两条，每条后面安装一个光敏元件。码盘基片转动时，光敏元件把通过光电盘和光栅板射来的忽明忽暗的光信号（近似于正弦信号）转换为电信号，经整形、放大等电路的变换后变成脉冲信号，通过计量脉冲的数目，即可测出工作轴的转角，通过测定计数脉冲的频率，即可测出工作轴的转速。从光栅板上两条狭缝中检测的信号A和B，是具有90°相位差的两个正弦波，这组信号经放大器放大与整形，输出波形如图2-8所示。根据这两个信号的先后顺序，即可判断光电盘的正反转。若A相超前于B相，对应电动机正转；若B相超前A相，对应电动机反转。若以该方波的前沿或后沿产生计数脉冲，可以形成代表正向位移和反向位移的脉冲序列。

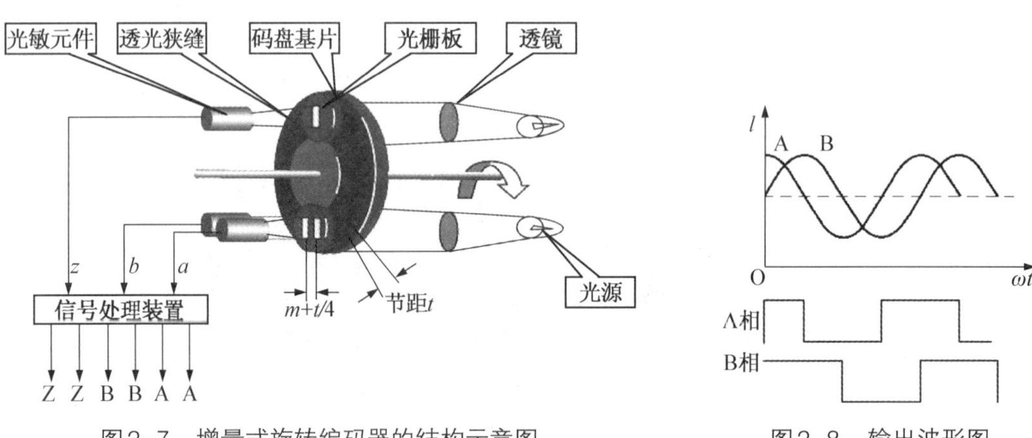

图2-7　增量式旋转编码器的结构示意图　　图2-8　输出波形图

此外，在脉冲编码器的里面还有一条透光条纹C，用以产生基准脉冲，又称零点脉冲，它是轴旋转一周在固定位置上产生一个脉冲，给计数系统提供一个初始的零位信号。在应用时，从脉冲编码器输出的信号是差动信号，采用差动信号可大大提高传输的抗干扰能力。

四、光栅式位置传感器

光栅式位置传感器（图2-9）主要用于长度和角度的精密测量以及数控系统的位置

检测等，具有测量精度高、抗干扰能力强、适用于实现动态测量和自动测量等特点，在坐标测量仪和数控机床的伺服系统中有广泛的应用。

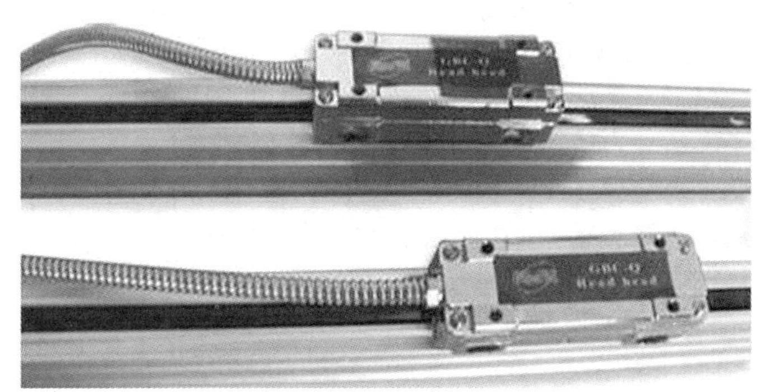

图2-9　光栅式位置传感器

光栅式位移传感器是利用莫尔条纹将光栅栅距的变化转换成莫尔条纹的变化，只要利用光电元件检测出莫尔条纹的变化次数，就可以计算出光栅尺移动的距离。光栅式位移传感器作为一个独立完整的测量系统，它包括光栅尺和光栅数显表两部分。

1. 光栅尺。光栅尺由光源、主光栅、指示光栅、光电元件及光学系统组成，如图2-10所示。其中主光栅和被测物相连，它随被测物的直线位移而产生移动。当主光栅产生位移时，莫尔条纹便随着产生位移，若用光电器件记录莫尔条纹通过某点的数目，便可知主光栅移动的距离，也就测得了被测物体的位移量。利用上述原理，通过多个光敏器件对莫尔条纹信号的内插细分，便可检测出比光栅距还小的位移量及被测物体的移动方向。

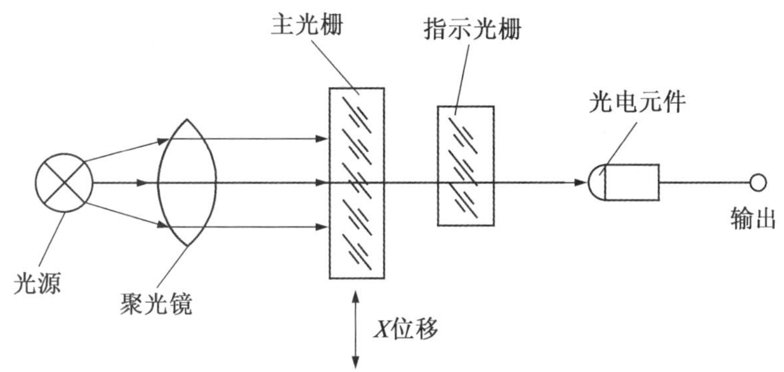

图2-10　光栅式位移传感器的结构原理图

2. 光栅数显表。为了辨别位移的方向，进一步提高测量精度，需要将传感器输出的信号送入数显表做进一步处理才能显示。光栅数显表由放大整形电路、辨向和细分电路、可逆电子计数器以及显示电路组成。

（1）判向电路。对于辨别光栅的移动方向，仅有一条明暗交替的莫尔条纹信号是无法辨别的。因此，可在原来的莫尔条纹信号上再加上一个莫尔条纹信号，使两个莫尔条纹信号相差π/2相位。具体实现方法：在相隔1/4条纹间的位置上安装两只光敏元件，如

图2-11（a）所示。两只光敏元件的输出信号经整形后得到方波U_1和U_2，然后把这两路方波输入图2-11（b）所示的辨向电路，即可辨别移动的方向。

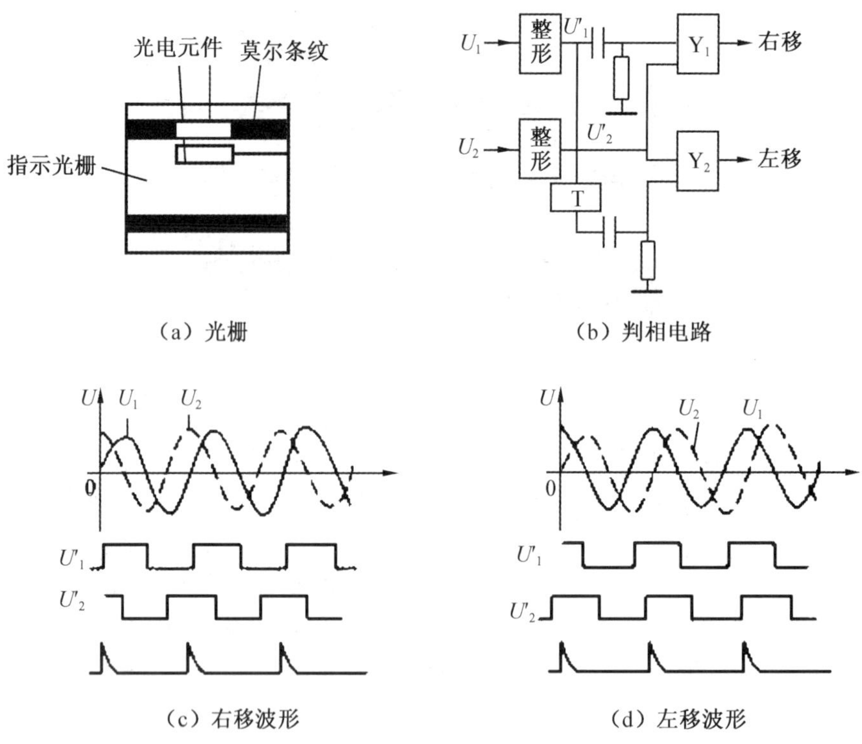

图2-11　辨向电路的工作原理示意图

（2）细分电路。为了提高测量精度，可以采用增加刻线密度的方法，但是这种方法受到制造工艺的限制。还有一种方法就是采用细分技术，所谓细分（也叫倍频），是在莫尔条纹变化的周期内输出若干个脉冲，减小脉冲当量，从而提高测量精度。

光栅式传感器应用于数控机床的位置检测，其位置闭环控制系统方框图如图2-12所示。由控制系统生成的位置指令P_e控制工作台移动。工作台在移动过程中，光栅数字传感器不断检测工作台的实际位置P_f并进行反馈（与位置指令P_e比较），形成位置偏差P_c（$P_c=P_f-P_e$），当$P_f=P_e$时，则$P_c=0$，表示工作台已到达指令位置，伺服电动机停转，工作台准确地停在指令位置上。

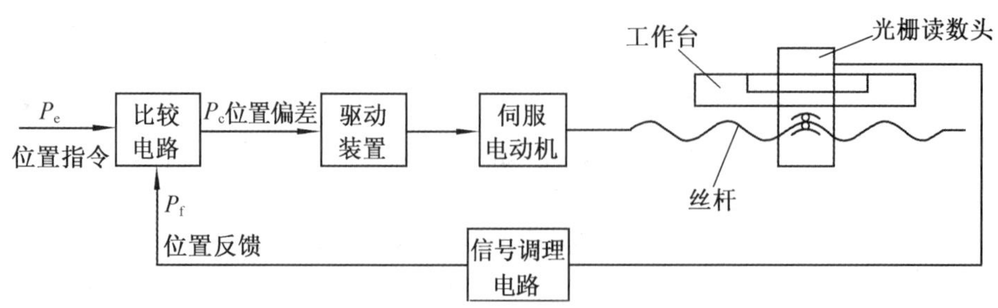

图2-12　位置闭环控制系统方框图

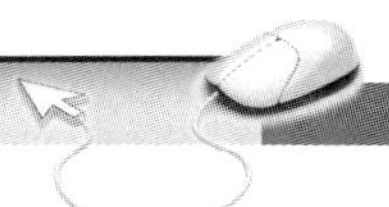

2.2 角度传感器

所谓角度传感器就是将角度信号按一定规律转换为有用信号（目前为电信号）的器件或装置。随着社会的发展，人们对角度传感器提出了以下要求：①分辨率高；②使用寿命长；③不受环境的影响，要十分耐用；④耗电小；⑤能产生大而可靠的输出信号；⑥安装方便，使用、维护简单；⑦精度高，没有人为的读数误差。目前，角度传感器按输出信号的性质分为模拟式与数字式两大类，模拟式分为同步机、分解器、电位器、感应式传感器等；数字式分为脉冲盘式、接触编码式、光电编码式、电磁编码式和感应同步器等。由于应用数字式传感器易于实现整个应用系统的快速化、自动化和数字化，易于与微机配合，因而数字式传感器将更具有发展前景，本项目仅讨论数字式角度传感器。

一、脉冲盘式角度数字传感器

（一）结构

脉冲盘式角度数字传感器如图 2-13 所示。

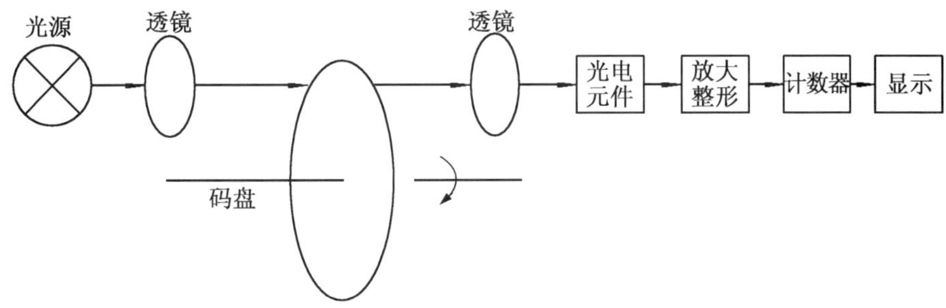

图2-13　脉冲盘式角度数字传感器结构示意图

在圆形玻璃盘的边缘开有相同角距的缝隙，成为透明和不透明的码盘，在此码盘的两边，分别安装光源和光电元件。

（二）工作原理

当码盘随被测物体的工作轴一起旋转时，每转过一个缝隙，光电元件所获得的光强就发生一次明暗的变化，光电转换电路就产生一次电信号的变化，然后经整形放大，可以获得一定幅值和功率的电脉冲输出信号。如果将这一脉冲送加法计数器进行计数，则所计数码就等于码盘转过的缝隙数目，在缝隙之间的角度已知时，码盘（被测物体）所转过的角度也就确定了。为了判断脉冲盘的转向，需采用两套光电转换装置，两个光电元件在空间的相对位置有一定的关系，一般让它们在相位上相差1/4 周期。然后将这两个脉冲信号送辨向电路，经辨向电路进行转向辨认后进行加法或减法计数。辨向逻辑电路的原理如图2-14 所示。

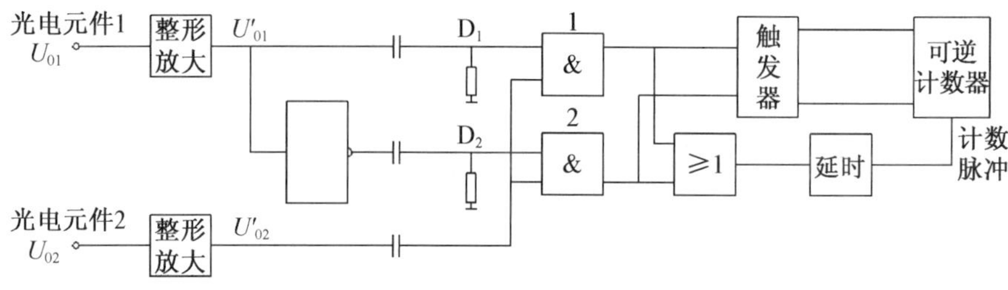

图2-14　辨向逻辑电路原理示意图

正转时，光电元件2比光电元件1先感光，U_{02} 超前U_{01} π/2，U_{02} 和 U_{01} 经整形放大后变为两个方波信号U'_{02}和U'_{01}，U'_{01}经微分电路后产生的脉冲正好和U'_{02}的"1"电平对应，使与门1输出计数脉冲，而U'_{01}的反相信号经微分电路产生的脉冲则与U'_{02}的"0"电平对应，与门2被封锁，无脉冲输出。同时，与门1输出的脉冲一方面将控制触发器置"1"，使可逆计数器的加法控制线为高电平，另一方面与门1的输出脉冲经或门送至可逆计数器的计数输入端，计数器进行加法计数。其工作波形如图2-15（a）所示。反转时，光敏元件 1 比光敏元件 2 先感光，U_{01} 超前 U_{02}π/2，这时方波信号U'_{01}的微分脉冲与U'_{02}的"0"电平对应，与门 1 被封锁，而U'_{01}反相后，其微分脉冲与U'_{02}的"1"电平对应，使与门 2 输出计数脉冲，一方面将控制触发器置"0"，使可逆计数器的减法控制线为高电平，另一方面脉冲经或门送可逆计数器的计数输入端，作减法计数，其工作波形如图2-15（b）所示。利用上述辨向电路就可以区别脉冲盘的转向。由于它每次测量所反映的都是相对于上次角度的增量，因此这种测量方法属于增量法。脉冲盘式-角度数字传感器结构简单，直接将角度转换成数码，测量精度较高，广泛用于机器人和数控系统中。

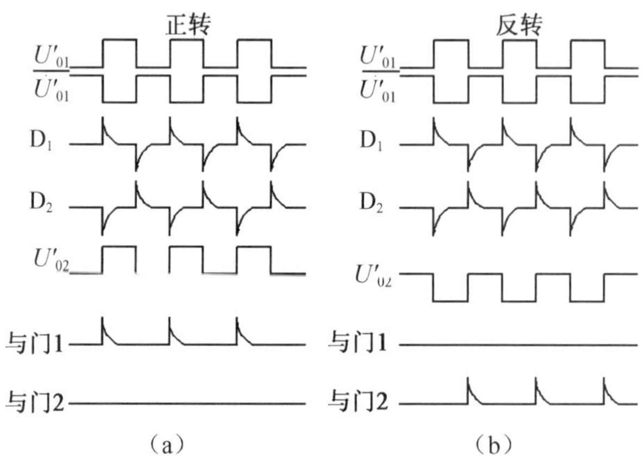

图2-15　脉冲盘式-角度数字传感器工作波形

二、角度传感器的相关应用

将角度传感器连接在机器人上时，便可以轻松根据角度传感器检测到的角度来计算其移动的距离（距离=角度×轮子周长/2π），在得知其行走时间的前提下也可以计算出其平均速度（速度=距离/时间）。

如果把角度传感器连接到电机和轮子之间的任何一根传动轴上，就必须将正确的传动比算入所读的数据。举一个有关计算的例子：如果在你的机器人身上，电机以3:1的传动比与主轮连接，将角度传感器直接连接在电机上，那么它与主动轮的传动比也是3:1。也就是说，角度传感器转3周，主动轮转1周。若角度传感器每旋转一周计16个单位，那么16×3 = 48个增量相当于主动轮旋转一周。现在，我们只要知道齿轮的圆周来计算行进距离。由于每一个LEGO齿轮的轮胎上面都会标有自身的直径，若我们选择体积最大的有轴轮子，直径为81.6cm（乐高使用的是公制单位），它的周长是81.6×π= 81.6×3.14≈256.22cm。根据已知量，齿轮的运行距离可由48除角度所记录的增量然后再乘以256。我们总结一下，定义R为角度传感器的分辨率（每旋转一周计数值），G为角度传感器和齿轮之间的传动比率，I为轮子旋转一周角度传感器的增量，即

$$I = G \times R \tag{2-2}$$

在举例中，G为3，对于乐高角度传感器来说，R通常为16。因此可以得到：

$$I = 3 \times 16 = 48$$

每旋转一次，齿轮所经过的距离正好是它的周长C，应用这个方程式，利用其直径D，可以得出这个结论：

$$C = D \times \pi \tag{2-3}$$

在我们的举例中：

$$C = 81.6 \times 3.14 = 256.22\ (\mathrm{cm})$$

最后一步是将传感器所记录的数据S转换成轮子运动的距离T，使用下面等式：

$$T = S \times C / I \tag{2-4}$$

如果光电传感器读取的数值为296，你可以计算出相应的距离：

$$T = 296 \times 256.22 / 48 = 1\ 580\ (\mathrm{cm})$$

距离（T）的单位与轮子直径单位是相同的。

2.3　角速度、角加速度传感器

速度传感器是机器人中较重要的内部传感器之一。由于在机器人中主要的需测量是机器人关节的运行速度，故这里仅介绍角速度传感器。目前广泛使用的角速度传感器有测速发电动机和增量式光电编码器两种。测速发电动机的应用最广泛，它能直接得到代表转速的电压且具有良好实时性的一种速度测量传感器。增量式光电编码器既可以用来测量增量角位移，又可以测量瞬时角速度。速度传感器的输出有模拟式和数字式两种。

速度检测分为线速度检测与角速度检测。线速度的单位为m/s，角速度检测又分为转速检测和角速率检测，常用的速度检测方法有以下几种：

（1）微积分法。根据运动物体的位移、速度和加速度的关系，对运动物体的加速度

进行积分运算或对运动物体的位移信号进行微分运算就可以得到速度。

（2）线速度和角速度相互转换测速法。同一运动物体的线速度和角速度存在固定的关系，在测量时可采用互换的方法，如测量执行电机的转速可得知负载的线速度。

（3）速度传感器法。利用各种速度传感器，将被测物体的速度信号转换为电信号进行测量。这种方法是速度检测的常用方法。常见的速度传感器有磁电式速度传感器、测速发电机、光电编码器、多普勒测速仪、陀螺仪等。

（4）相关测速法。在被测运动物体经过的两固定距离为L的点上安装信号检测装置，通过对两个信号检测装置输出的信号进行相关分析，求出时差τ，就可以得知运动物体的被测速度$v = L / \tau$。相关测速法不受环境因素的影响，测速精度较高。

（5）空间滤波器法。利用可选择一定空间频率段的空间滤波器件与被测物体同步运动，在单位空间内测得相应的时间频率，求得运动物体的运动速度。空间滤波器法既可测量运动物体的线速度，也可以测量转速。

一、测速发电机

测速发电机是一种测量转速的微型发电机，它把输入的机械转速变换为电压信号输出，并使得输出的电压信号与转速成正比。测速发电机分为直流测速发电机和交流测速发电机两大类。在机器人中，交流测速发电机用得不多，多数情况下用的是直流测速发电机。

直流测速发电机本质上是一种微型直流发电机，按定子磁极的励磁方式分为电磁式和永磁式。直流测速发电机的工作原理与一般直流发电机相同，如图2-16所示。

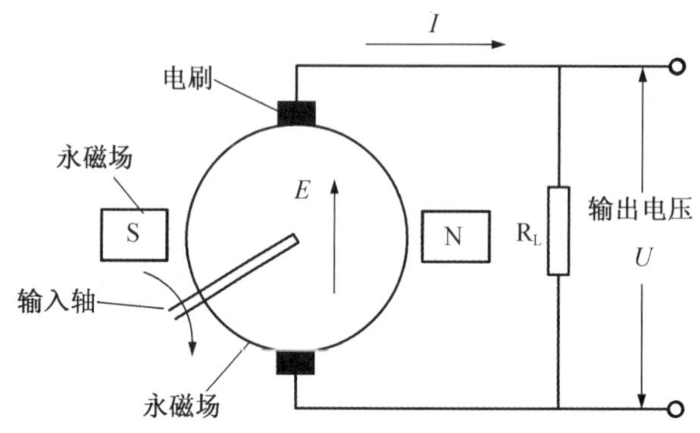

图2-16　测速发电机原理示意图

直流测速发电机的工作原理基于法拉第电磁感应定律，当通过线圈的磁通量恒定时，位于磁场中的线圈旋转使线圈两端产生的电压（感应电动势）与线圈（转子）的转速成正比，即

$$U = k n \tag{2-5}$$

式中　U——测速发电机的输出电压（V）；

n——测速发电机的转速（r / min）；

k——比例系数。

改变旋转方向时输出电动势的极性即相应改变。在被测机构与测速发电机同轴连接时，只要检测出直流测速发电机的输出电动势和极性，就能获得被测机构的转速和旋转方向。

将测速发电机的转子与机器人关节伺服驱动电动机轴相连，就能测出机器人运动过程中的关节转动速度，而且测速发电机能用在机器人速度闭环系统中作为速度反馈元件，所以其在机器人控制系统中得到了广泛应用。机器人速度伺服控制系统的控制原理如图2-17所示。

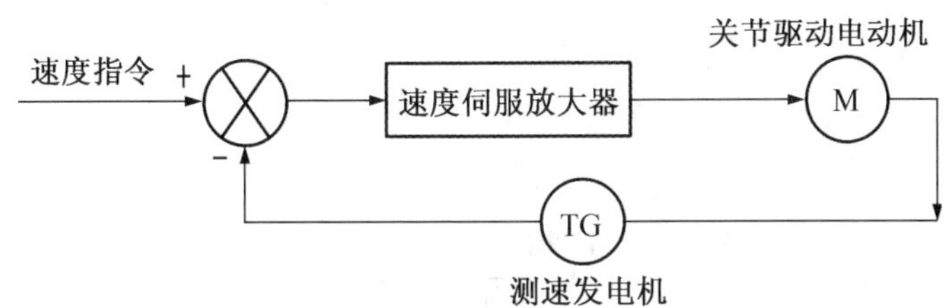

图2-17　机器人速度伺服控制系统原理示意图

二、增量式光电编码器

增量式光电编码器在机器人中既可以作为位置传感器测量关节相对位置，又可以作为速度传感器测量关节速度，且作为速度传感器时既可以在模拟方式下使用，又可以在数字方式下使用。

1. 模拟方式。在模拟方式下，增量式光电编码器必须有一个频率电压（F/V）变换器，用来把编码器测得的脉冲频率转换成与速度成正比的模拟电压，其原理如图2-18所示。F/V变换器必须有良好的零输入、零输出特性和较小的温度漂移，这样才能满足测试要求。

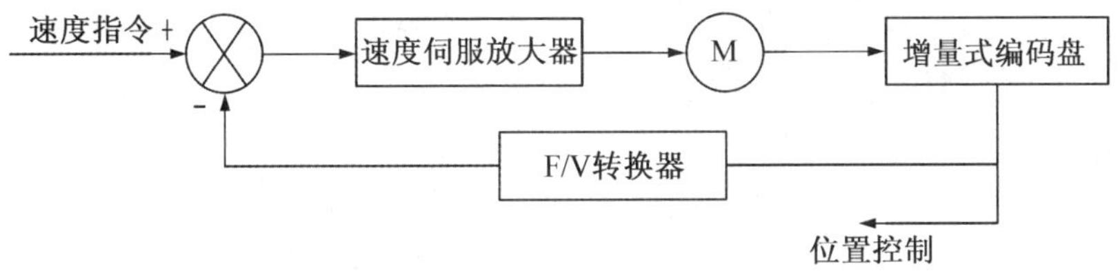

图2-18　模拟方式下增量式光电编码器测量原理方框图

2. 数字方式。数字方式测速是指基于数学公式，利用计算机软件计算出速度。由于角速度是转角对时间的一阶导数，如果能测得单位时间Δt内编码器转过的角度$\Delta\theta$，则编码器在该时间内的平均转速为：

$$\omega=\frac{\Delta\theta}{\Delta t} \tag{2-6}$$

单位时间取得越小，则所求得的转速越接近瞬时转速；然而时间太短，编码器通过的脉冲数太少，又会导致所得到的速度分辨率下降。在实践中，通常采用时间增量测量电路来解决这一问题。编码器一定时，编码器的每转输出脉冲数就确定了。设某一编码器的分辨率为1 000PPR，则编码器连续输出两个脉冲时转过的角度为：

$$\Delta\theta=\frac{2}{1\,000}\times 2\pi\ (\text{rad}) \qquad (2-7)$$

而转过该角度的时间增量可用图2-19所示的测量电路测得。测量时利用一高频脉冲源发出连续不断的脉冲，设该脉冲源的周期为0.1ms，用一计数器测出在编码器发出两个脉冲的时间内高频脉冲源发出的脉冲数。门电路在编码器发出第一个脉冲时开启、发出第二个脉冲时关闭，这样计数器计得的计数值就是时间增量内高频脉冲源发出的脉冲数。设该计数值为100，则得时间增量为：

$$\Delta\theta=0.1\times 100=10\ (\text{ms})$$

所以角速度为：

$$\omega=\frac{\Delta\theta}{\Delta t}=\frac{(2/1\,000)\times 2\pi}{10\times 10^{-3}}=1.256\ (\text{rad/s})$$

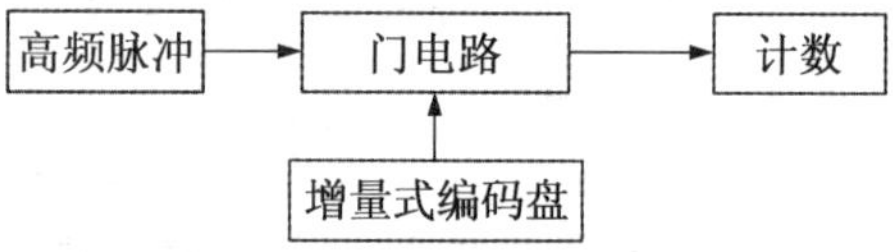

高频脉冲 → 门电路 → 计数

增量式编码盘 → 门电路

图2-19　时间增量测量电路方框图

三、微硅陀螺仪

陀螺仪是一种能够精确地确定运动物体方位的仪器，它是现代航空、航海、航天和国防工业中广泛使用的一种惯性导航仪器，它的发展对一个国家的工业、国防和其他高科技的发展具有十分重要的战略意义。传统的惯性陀螺仪主要是指机械式的陀螺仪，机械式的陀螺仪对工艺结构的要求很高，结构复杂，它的精度受到很多方面的制约。20世纪70年代以来，现代陀螺仪的发展已经进入了一个全新的阶段。1976年美国犹他大学的Valh等人提出了现代光纤陀螺仪的基本设想，20世纪80年代以后，现代光纤陀螺仪就得到了非常迅速的发展，与此同时激光谐振陀螺仪也有了很大的发展。由于光纤陀螺仪具有结构紧凑、灵敏度高、工作可靠等优点，所以目前光纤陀螺仪在很多的领域已经完全取代了机械式的传统陀螺仪，成为现代导航仪器中的关键部件。与光纤陀螺仪同时发展的除了环式激光陀螺仪外，还有现代集成式的振动陀螺仪，它具有更高的集成度，体积更小，也是现代陀螺仪的一个重要的发展方向。

微硅陀螺仪是利用硅的微机械加工技术（微机械结构部件与相关电子线路集成在一起）与陀螺理论相结合而形成的一种角速率陀螺仪，有双轴摆式、音叉式、振梁式等几种形式。图2-20所示是CRS03系列微硅陀螺仪实物图，CRS03系列微硅陀螺仪（角速度传感器）是用于测量运动物体角速度的微型惯性器件。陀螺仪应用Corioli效果，采用硅素超微精密环型传感件设计而生产的耐震动的高精度类比输出电压。

图2-20 CRS03系列微硅陀螺仪实物图

四、其他转速传感器

许多转速传感器是基于接近开关的基本原理，如图2-21所示。如果调制盘上开Z个缺口，测量电路计数时间为T（s），被测转速为N（r/min），则此时得到的计数值C为：

$$C = ZTN / 60 \tag{2-8}$$

为了使读数C能直接读转速N值，一般取$ZT = 60 \times 10n$（$n = 0, 1, 2\cdots\cdots$）。

根据接近开关的工作原理，对应的转速传感器又分为磁电感应式、光电效应式、霍尔效应式、磁阻效应式、电磁感应式等。

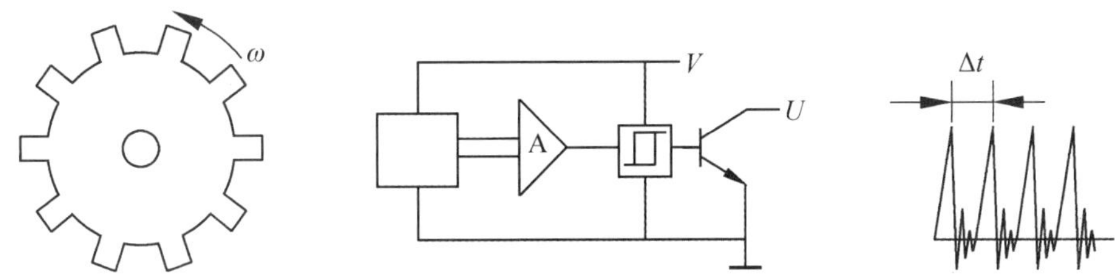

图2-21 基于接近开关的转速传感器基本原理示意图

三种变磁阻式传感器，即电感式传感器、变压器式传感器和电涡流式传感器都可用在转速传感器中。

1. 电感式转速传感器。电感式转速传感器应用较广，它利用磁通变化而产生感应电势，其电势大小取决于磁通变化的速率。这类传感器按结构不同又分为开磁路式和闭磁路式两种。图2-22（a）所示为一种开磁路式电感转速传感器，当转轴连接到被测轴上一起转动时，由于齿轮与铁芯极片的相对运动，产生磁阻变化，在线圈中产生交流感应电势，波形如图2-22（b）所示。当齿接近极片时，磁阻最小；当齿离开极片移动时，磁阻增加；当极片位于两齿中间时，磁阻最大，在导体中的感应电势与磁通量的变化率有关。

2. 电涡流式转速传感器。电涡流式转速传感器工作原理如图2-23所示，在软磁材料制成的输入轴上加工一个键槽，在距输入轴表面凹处设置电涡流传感器，输人轴与被测旋转轴相连。当被测旋转轴转动时，电涡流传感器与输出轴的距离变为$d_0 + \Delta d$。由于电涡流效应，使传感器线圈阻抗随Δd的变化而变化，这种变化将导致振荡谐振回路的品质因数发生变化，它们将直接影响振荡器的电压幅值和振荡频率。因此，随着输入轴的旋转，从振荡器输出的信号中包含有与转速成正比的脉冲频率信号。该信号由检波器检出电压幅值的变化量，然后经整形电路输出频率为f_n的脉冲信号。

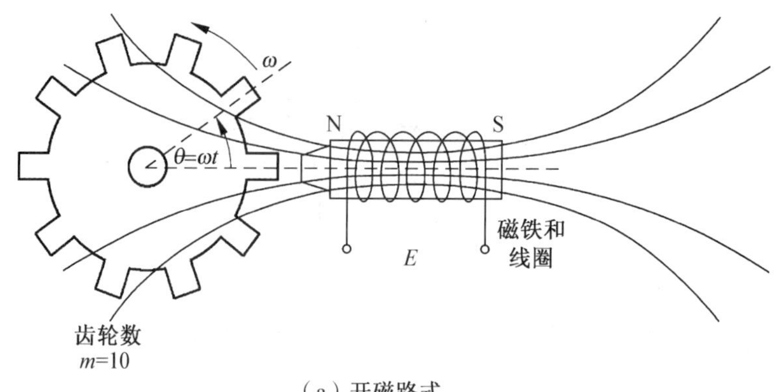

（a）开磁路式

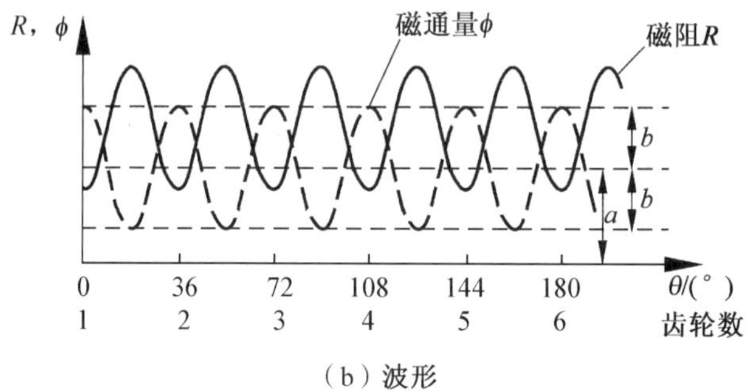

（b）波形

图2-22　电感式转速传感器工作原理示意图

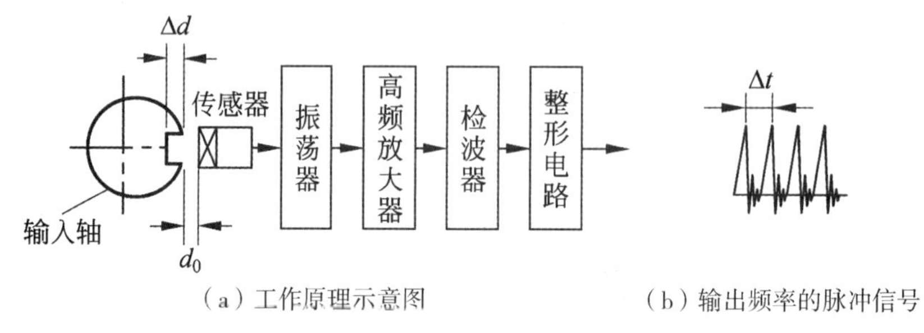

（a）工作原理示意图　　（b）输出频率的脉冲信号

图2-23　电涡流式转速传感器

3. 霍尔式转速传感器。霍尔式转速传感器采用霍尔效应原理实现测速，当齿轮旋转时，通过传感器的磁力线发生变化，在霍尔传感器中产生周期性的电压，通过对该电压处理计数，就能测出齿轮的转速。

图2-24所示的是一种霍尔式转速传感器。转盘的输入轴与被测转轴相连，当被测转轴转动时，转盘随之转动，固定在转盘附近的霍尔传感器便可在每一个旋转齿通过时产生一个相应的脉冲，检测出单位时间的脉冲数以测转速。根据转盘上齿数多少就可确定传感器测量转速的分辨率。

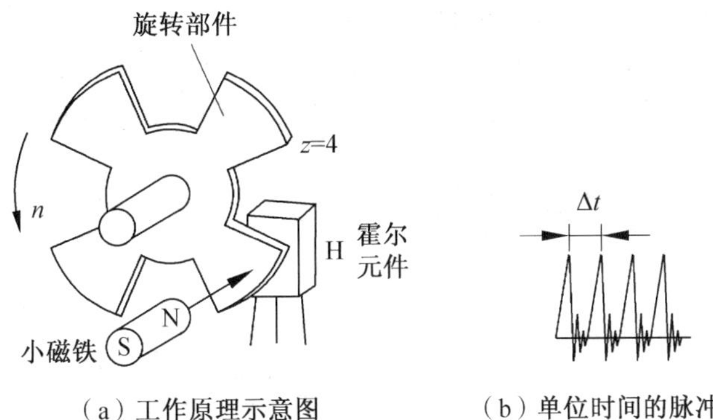

（a）工作原理示意图　　（b）单位时间的脉冲

图2-24　霍尔式转速传感器

4. 电容式转速传感器。电容式转速传感器有面积变化型和介质变化型两种，图2-25所示为面积变化型电容式转速传感器，由两块固定金属板和与转动轴相连的可动金属板构成。可动金属板处于固定电容极板时是其电容量最大的位置，当转动轴旋转180°时，可动金属板移出固定电容极板，则是处于电容量最小的位置，电容量的周期变化速率即为转速。可通过直流激励、交流激励和用可变电容构成振荡器的振荡桥路等方式得到转速的测量信号。介质变化型是在电容器的两个固定电极板之间嵌入一块高介电常数的可动板而构成的。可动介质板与转动轴相连，随着转动轴的旋转，电容器板间的介电常数发生周期性变化而引起电容量的周期性变化，其速率等于转动轴的转速。

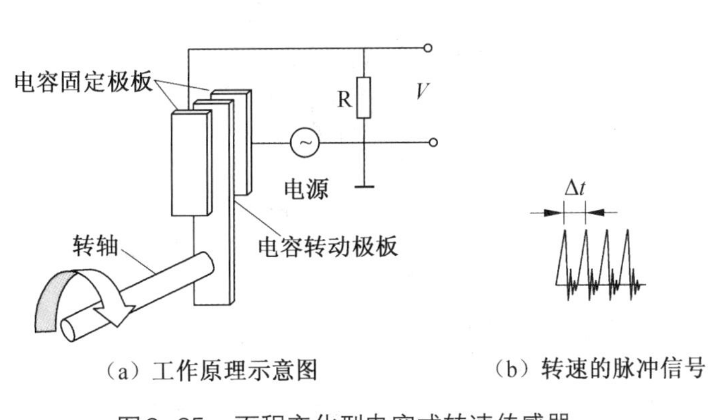

（a）工作原理示意图　　（b）转速的脉冲信号

图2-25　面积变化型电容式转速传感器

5. 光电式转速传感器。光电式转速传感器分为投射式和反射式两类。投射式光电转速传感器的读数盘和测量盘有间隔相同的缝隙，测量盘随被测物体转动，每转过一条缝隙，从光源投射到光敏元件上的光线产生一次明暗变化，光敏元件即输出电流脉冲信号。反射式光电传感器在被测转盘上设有反射记号，由光源发出的光线通过透镜和半透膜入射到被测转盘上。转盘转动时，反射记号对投射光点的反射率发生变化，反射率变大时，反射光线经透镜投射到光敏元件上，即发出一个脉冲信号；反射率变小时，光敏元件无信号。在一定时间内对信号计数便可测出转盘的转速值。

图2-26（a）所示为一种投射式光电转速传感器，在被测转速的电机上固定一个调制

盘，将光源发出的恒定光调制成随时间变化的调制光。光线每照射到光电器件上一次，光电器件就产生一个电信号脉冲，经放大器整形后记录，信号经电路处理测得转速。图2-26（b）所示为反射式光电转速传感器，光电式转速传感器结构如图2-27所示。

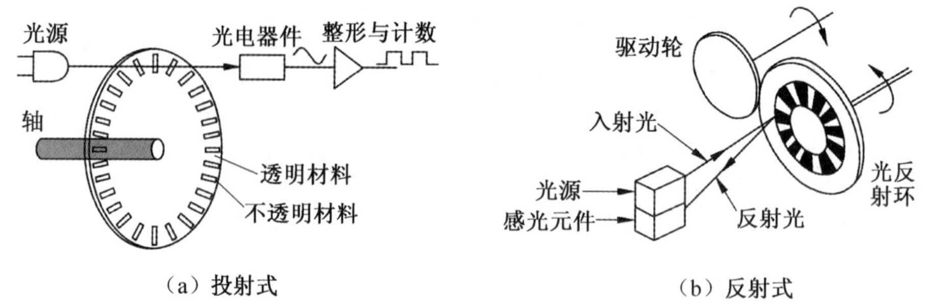

图2-26　光电式转速传感器工作原理示意图

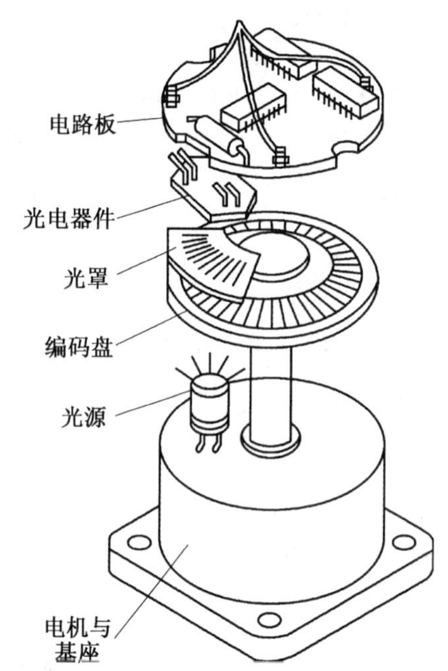

图2-27　光电式转速传感器结构示意图

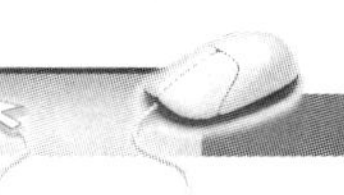

思考与练习

一、填空题

1. 位置传感器的作用是检测________，它是把________信号转换为________信号。

2. 测量机器人关节线位移和角位移的传感器是机器人位置反馈控制中必不可少的元件，常用的位置传感器有__________、__________、__________等，其中__________既可以检测直线位移，又可以检测角位移。

3. 编码器式位置传感器是基于__________的原理。编码器式位置传感器用以测量轴的旋转角度位置变化、旋转速度变化或直线位置变化等，其输出信号为__________。

4. 工业机器人内部的角度传感器就是将__________按一定规律转换__________的器件或装置。它具有__________、__________、__________、__________、__________、安装方便，使用、维护简单，精度高，没有人为的读数误差等优点。

5. 角度传感器按输出信号的性质分为________与________两大类，模拟式分为同步机、分解器、电位器、感应式传感器等；数字式分为脉冲盘式、接触编码式、光电编码式、电磁编码式和感应同步器等。数字式传感器易于实现整个应用系统的______________、________和________等特点，易于与微机配合。

6. 角度传感器连接在机器人上时，便可以轻松根据角度传感器检测到的角度来计算其移动的距离，距离=_________，在得知其行走时间的前提下也可以计算出其平均速度，速度=________。

7. 角速度传感器主要用于检测机器人的________速度。目前广泛使用的角速度传感器有________和________两种。

8. 速度传感器的输出有_______和_______两种。速度检测分为_______与_______。线速度的单位为________，角速度检测又分为________和________两种。

9. 增量式光电编码器在机器人中既可以作为位置传感器测量_________，又可以作为速度传感器测量_________，作为速度传感器时既可以在________方式下使用，又可以在_________方式下使用。

10. 许多转速传感器都是基于________基本原理的，根据接近开关的工作原理，对应的转速传感器又分为________、________、________、________、________等。

二、选择题

1. 机器人上的位置传感器主要用于检测机器人的(　　)的装置。

A. 位置　　B. 旋转角度　　C. 运行速度　　D. 物体大小

2. 增量式光电脉冲编码器从光栅板上两条狭缝中检测的信号A和B，是具有(　　)相位差的两个正弦波，这组信号经放大器放大与整形，输出波形A和B，根据这两个信号的先后顺序，即可判断光电盘的正反转。

A. 30°　　B. 60°　　C. 90°　　D. 120°

3. 陀螺仪的作用是(　　)。

A. 检测位置　　　B. 精确定位　　　C. 检测角度　　　D. 检测速度

4.机器人位置传感器都是把开光信号转化为(　　)。

A. 开关信号　　　B. 电信号　　　C. 光信号　　　D. 脉冲信号

5.角度传感器具有(　　)等优点。

① 分辨率高　② 使用寿命长　③ 耗电小　④ 精度高　⑤ 维护简单

A. ①②③④⑤　　　B. ①③④　　　C. ③④⑤　　　D. ①④⑤

三、判断题

1. 位置传感器是用来感受被测物的位置并转换成可用输出信号的传感器，主要用来检测机器人的位置。(　　)

2. 电位式位置传感器只能检测出机器人各关节的位置。(　　)

3. 角速度传感器主要检测机器人的关节运行速度。(　　)

4. 数字式角度传感器分为脉冲盘式、接触编码式、光电编码式、电磁编码式和感应同步器等。(　　)

5. 陀螺仪是一种能够精确地确定运动物体方位的仪器，它是现代航空、航海、航天和国防工业中广泛使用的一种惯性导航仪器。(　　)

四、简答题

1. 常用的机器人内部传感器有哪几种?

2. 电位式位置传感器的工作原理是什么？它有什么优缺点?

3. 陀螺仪的作用是什么？简述光纤陀螺仪的优点有哪些?

项目三　工业机器人外部传感器——触觉传感器

工业机器人外部传感器的作用是为了检测作业对象及环境或机器人与它们的关系，在机器人上安装触觉传感器、视觉传感器、接近觉和听觉传感器等，可大大改善机器人工作状况，使其能够更充分地完成复杂的工作。由于外部传感器是集多种学科于一身的产品，有些方面还在探索之中，随着外部传感器的进一步完善，机器人的功能会越来越强大，将在许多领域为人类作出更大贡献。

下面将首先介绍触觉传感器，触觉传感器是最基本的外部传感器，分为压觉传感器、滑觉传感器和力觉传感器等。

3.1 压觉传感器

一、压觉传感器的定义及分类

压觉是让机械手感觉垂直于物体表面方向的压力即压力分布，是用于机器人对手爪夹持力和夹持方法的控制，即机器人对“软”“硬”抓握的判别。由于物体与夹持体接触后，对于不同重量和不同表面的物体，施加力的大小是不同的，因此机器人需要压觉传感器来感知力的大小。假如机器人搬运物体重量范围是一定的，那么可以根据这一范围来确定压觉传感器量程，并可根据此量程选购或制作。

压觉传感器主要分为应变式压觉传感器和光纤式压觉器两种。应变式压觉传感器根据电阻应变敏感元件又可分为两类：应变片式和半导体集成传感器两种。应变片式是用电阻应变片和半导体应变片作为应变敏感元件，而半导体集成式是直接在弹性元件上溅射薄膜电阻或用硅扩散电阻作为应变传感元件。目前，广泛用于压觉传感器的是电阻应变片式压觉传感器。

二、电阻应变片式压觉传感器

(一)原理

电阻应变片式压觉传感器的构造是在一定形状的弹性元件上粘贴或用其他方法安装电阻应变敏感元件。当接触力作用在弹性元件上时，弹性元件产生变形，电阻应变敏感元件的阻值随之发生变化；接着，我们可用变换电路将阻值的变化变成电压输出，根据电压变化量即可得知接触力的大小与作用位置。电阻应变片式压觉传感器实现机器人的压觉，可让机械手感觉垂直于物体表面方向的压力，即压力分布和大小等，是机器人对手爪夹持力和夹持方法的控制，即机器人对“软”“硬”抓握的判别。

(二)应用

重工业用电阻应变片式压觉传感器，利用其应变原理有两种形式，它由弹性体和作为应变片的锰镍铜合金与钛组成，如图3-1所示。其中，锰镍铜合金作为压力敏感元件，钛作为温度敏感元件，锰镍铜合金和钛都是汽相沉积到弹性体上去的。选用这两种材料的原因是：锰镍铜合金对压力敏感但对温度不敏感，而钛恰好相反，它对温度敏感而对压力却不敏感。这种传感器可以安装在机器人的手爪上用于重工业，特别在钢铁工业中机器人的手爪上，当机器人抓握轧件时，通过这种传感器得到轧件的重量和温度参数，把这些参数作为反馈信号送给控制器，然后再去控制机器人的运动和轧制过程，从而提高机器人的抓握性能和最终产品的质量。

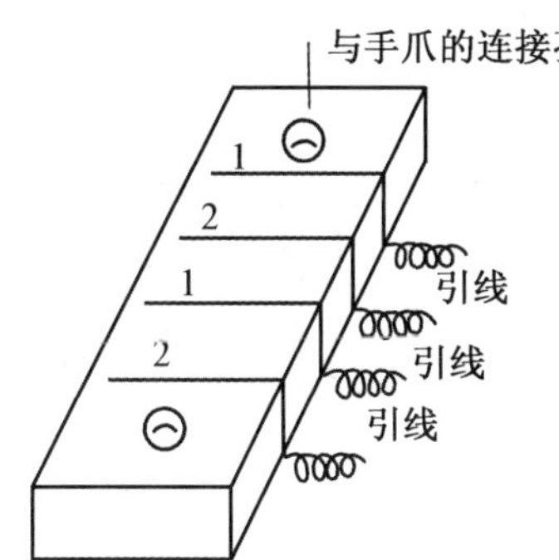

（a）锰-镍-铜合金与钛在弹性体上交叉排列形式

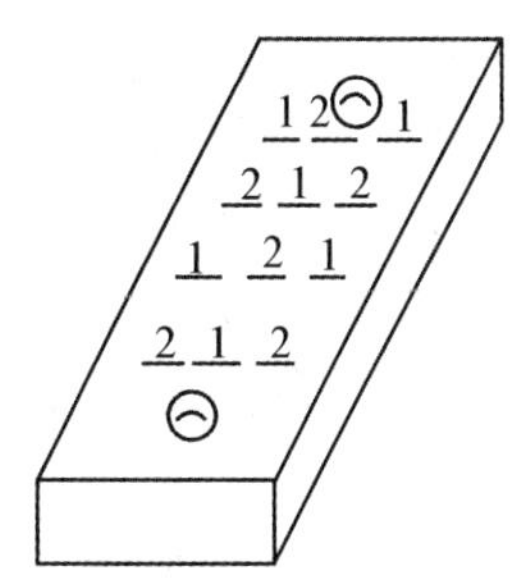

（b）锰-镍-铜合金与钛在弹性体上排列成矩阵形式

图3-1　重工业用电阻应变片式压力/温度传感器简图

1-锰-镍-铜合金　2-钛

（三）FPSR™系列传感元压觉传感器

1. 传感器结构。FPSR™ 系列传感元压觉传感器是在美国Interlink公司的FPSR™ 传感元基础上，增加了位置检测能力的FPSR™ 系列传感单元。它既能检测位置，又能检测压力，其结构如图3-2（a）所示。FPSR™ 由两个聚合体薄膜构成，其中一个薄膜上黏附着相互交叉的导体，其宽度为0.4mm，而另一个薄膜黏附着一层半导体薄膜，这两层对折起来便构成一个典型的压滑觉传感元，它的等效电路如图3-2（b）所示。

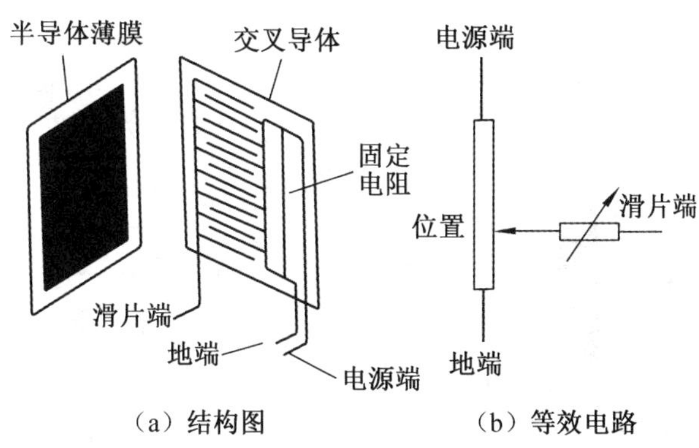

（a）结构图　（b）等效电路

图3-2　FPSR™ 系列传感元压觉传感器

2. 压力信号检测。压力信号的检测是通过测量“滑片”端与固定电阻的“电源端”或“地端”电阻，或与“电源端”“地端”合成一起的电阻来实现的，检测电路如图3-3所示。

从图3-3所示可以看出，作用力在固定电阻器上的位置不同引起 R_1 和R_2变化，从而造成压力测量的误差，输出信号的大小为：

$$U_F = U_{CC}\frac{R_k}{R_1 k R_2 + R + R_k} \qquad (3\text{-}1)$$

式中　R_k——采样电阻。

在实际中，压力检测电路的固定电阻器两端还将再串联一定的电阻，从而使整个误差减小。

3. 压觉传感器的检测电路。如图3-4所示，采用双向模拟开关CD4053进行力和位置检测的切换，在初始接触时，检测电路发出接触信号，然后由力、位切换信号控制输出力或位置信号。整个电路共有6根线与外部相连，即电源和地、位置检测模拟输出信号、压力检测模拟输出信号以及力、位切换信号和初始接触检测信号。

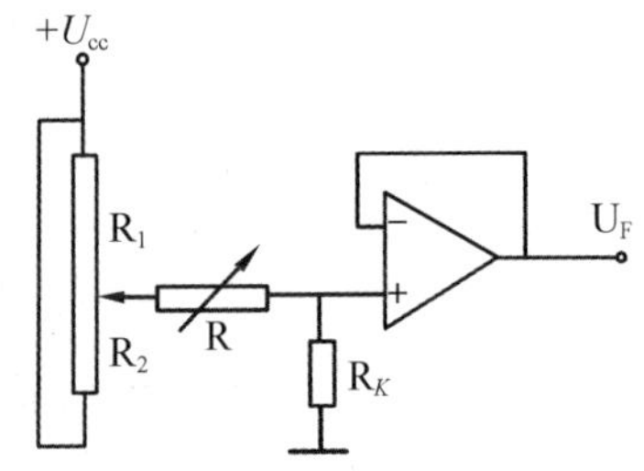

图3-3　压力信号检测电路

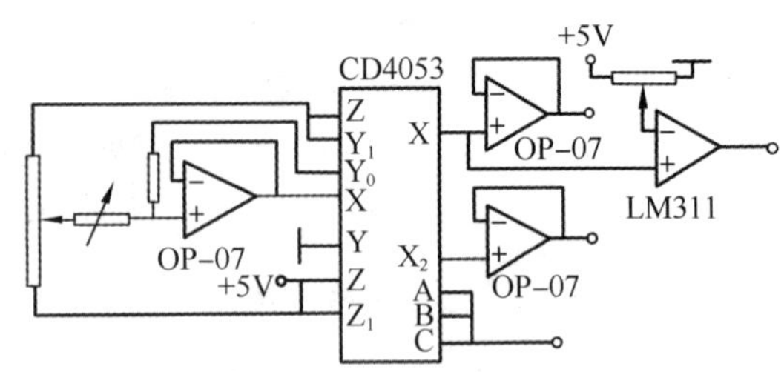

图3-4　压觉传感器的检测电路

（四）新型机器人指端应变式压觉传感器

图3-5所示为柔顺可控机器人指端应变式压觉传感器简图。它包含两个基于薄片变形的应变式压觉传感器敏感单元，将两个传感器敏感元件分别安装在机器人平行抓握手指指面上，以抓握重力场中的等截面均质杆，得到杆件的长度和质量，手爪抓握物体的形式如图3-6所示。其上、下敏感单元相当于图3-5所示的传感器。假设被抓物体平行于地面，现对其测量原理作说明：若*F*和*T*分别表示两个抓握点的反作用力和相应的反力矩（图3-7），那么手的两个抓握点*B*、*C*处的反作用力分别为：

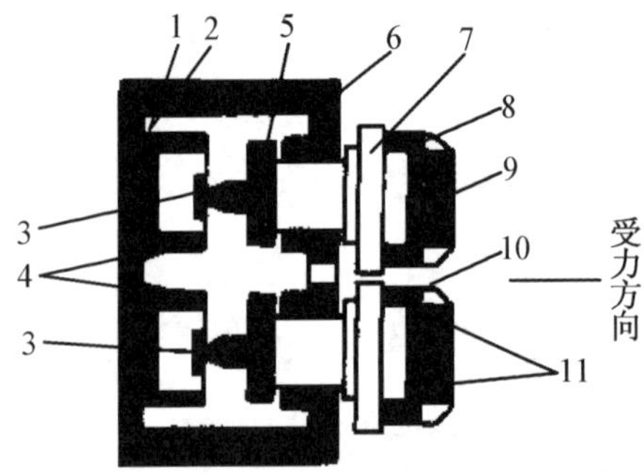

图3-5　柔顺可控机器人指端应变式压觉传感器简图

1-支撑座　2-底座　3-应变片　4-弹性薄板　5-压头　6-盖板　7-触头　8-橡胶　9-海绵　10-电流变流体　11-导电橡胶

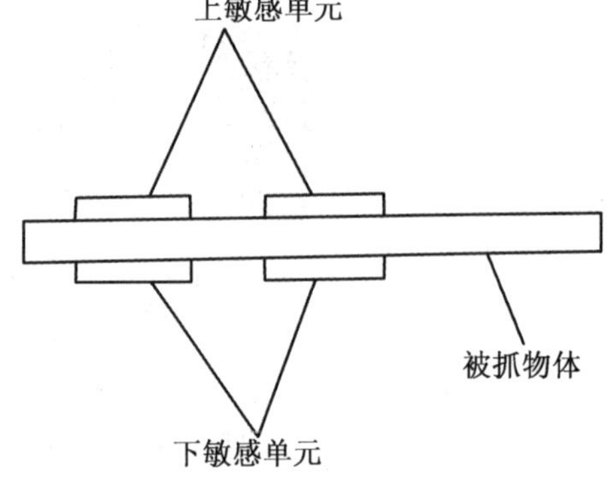

图3-6　两组基于薄片变形的应变式压觉传感器抓握物体简图

$$F_{R1}=-F_1-\frac{1}{2}F_2 \quad (3-2)$$

$$F_{R2}=-F_3-\frac{1}{2}F_2 \quad (3-3)$$

反作用力矩分别为：

$$T_{R1}=F_1\frac{C}{2}-F_2\frac{d}{8} \tag{3-4}$$

$$T_{R2}=F_2\frac{d}{8}-F_3\frac{l-c-d}{2} \tag{3-5}$$

而$F_1=\rho_A cg,F_2=\rho_A dg,F_3=\rho_A(l-c-d)g$

式中　ρ_A——被抓杆件单位长度的质量；

c——AB间的长度；

d——BC间的长度；

l——被抓杆件的长度；

g——重力加速度。

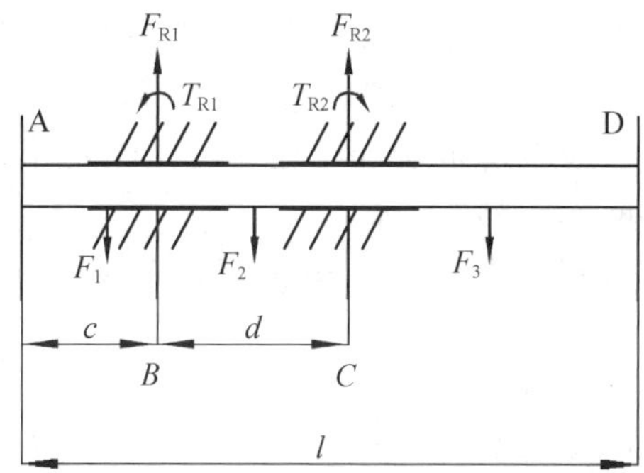

图3-7　两组基于薄片变形的应变片压觉传感器抓握物体受力简图

当我们由应变片测得F_{R1}和F_{R2}及R_{T1}后，利用上面的3个等式，可以确定l，进而求出被抓物体的重量（质量）。

在机器人抓握物体的过程中（图3-5），柔顺可控机器人指端应变式压觉传感器将两个薄板安装在底座和支撑座上。当机器人抓握物体时，被抓物体与触头接触，触头可以在盖板的限位孔中滑动，触头和压头连在一起，压头与触头的连接部位尺寸大于限位孔的大小，防止机器人手爪松开时因弹性薄板的反作用力使触头弹出。另外，触头的中部有一小段比盖板的限位孔尺寸大，这个凸缘到盖板的最大距离限定了传感器的最大抓握质量。当被抓物体的质量超过最大抓握质量时，凸缘与盖板接触，通过让盖板和底座将力传到机器人手指指面上，从而保证传感器不被破坏。被抓握物对触头的反作用力通过压头传递到弹性薄板上，使弹性薄板上的着力点固定且范围小，即弹性的变形位置固定、可靠。触头与被抓物体接触，使得被抓物体的横截面尺寸可以大于弹性薄板的尺寸，也可以等于或小于弹性薄板的尺寸而不影响对参数的测量，扩大了被抓物体的尺寸范围。另外，在触头上封装了电流变流体，使手爪具有柔顺可控性。在上下两层导电橡胶之间用海绵隔开，最外面用橡胶封装，中间的海绵层填充满电流变流体。经研究表明电流变流体能够在电场作用下，由牛顿流体变为具有一定屈服应力的Bingham塑性体，并且这种转变程度可以由电场连续控制，响应速度极快（一般为毫秒级），它能够满足实时控制的要求。在这里电流变流体作为机器人手指皮下介质，模仿人手的皮下组织，当没有通电时电流变流体层可充当保形层，当给以电压时电流变流体变为塑性体，这样就可以借助电流变流体的柔顺可控性实现稳定抓握，有效地防止滑落。

三、光纤式压觉传感器

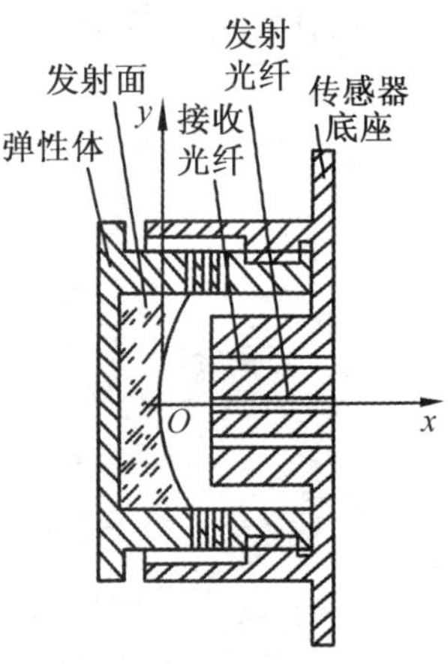

图3-8 光纤式压觉传感器结构示意图

光纤式压觉传感器的结构如图3-8所示。发射光纤的端面位于抛物面反射面的焦平面上，接收光纤的端面以不同的半径分布于发射光纤端面的同一平面内。当传感器的上表面与对象物接触时，通过弹性体的压缩或振动使发射光纤、接收光纤端面与发射面距离改变，从而感知压觉。当传感器安装于机械手爪上以后，压觉的大小即压力p可直接为控制结构提供所需夹持力的信息，可以通过接收光纤的光强及其变化给出压力p值。这里所加的为静态力。

设发射光纤所发出的光强为I_0，在分布半径R处，接收光纤所接收的光强为I，则光强可以表示为：

$$I = I_0 k_1 n F_1(R, x) \qquad (3-6)$$

式中 k_1——光纤损耗；

n——发射体的发射率；

$F_1(R,x)$——与分布半径和光纤端面在反方向的坐标有关的函数。

弹性体在弹性范围内有：

$$p = kx \qquad (3-7)$$

式中 x——在压力作用下的变形。

当传感器结构确定下来后，R便是一个常数，接收光强只是位移的反方向的函数，而位移x又与压力p具有线性关系，所以可将（3-6）式写为：

$$I = f(p) = I_0 k_1 n F(p) \qquad (3-8)$$

根据公式（3-7）可以通过测量光强来求得压力。

3.2 滑觉传感器

机器人滑觉传感器在机械手实现软抓取或无损伤抓取作业中起着非常关键的作用，它的性能好坏直接决定机械手能否顺利完成软抓取任务。机器人滑觉信号的获得有两个途径：一种是通过对触觉信号的处理，即从触觉图像的动态变化得到目标物的滑动情况以及滑移距离，或对决定信号的特征分析得到物体滑动时的特征；另一种是研制专门的滑觉传感器。后者会在具体实用化方面受到限制，因为机器人手爪的安装空间是有限的。机器人滑觉传感器主要分为光纤式、光电式和高分子材料PVDF三种。

一、光纤式滑觉传感器

滑觉感知的机理，一般表现为接触面的振动，宏观而言，就是相互接触的物体在外力的作用下由静摩擦变为动摩擦的过程。滑觉传感器由光纤和弹性体组成，如图3-9所示。接收光纤以不同的方位和半径分布于发射光纤的周围，光纤a和c沿y轴分布，光纤b和d沿z轴分布，将传感器以一定的方位安装于机械手爪上。当对象与传感器之间相对滑动时，弹性体的变形如图3-10所示，这时光纤a与c、b与d中所收到的光强向相反方向变化。理论研究和实验都表明，这一变化非常明显，而对象物与传感器之间没有相对滑动时，各光纤的输出光强都比较平稳。如果只有压觉没有滑觉，传感器中各光纤的光强度变化朝着同一方向，控制系统可根据这些信号的特点及时改变夹持力的大小，从而使物体不至脱落。

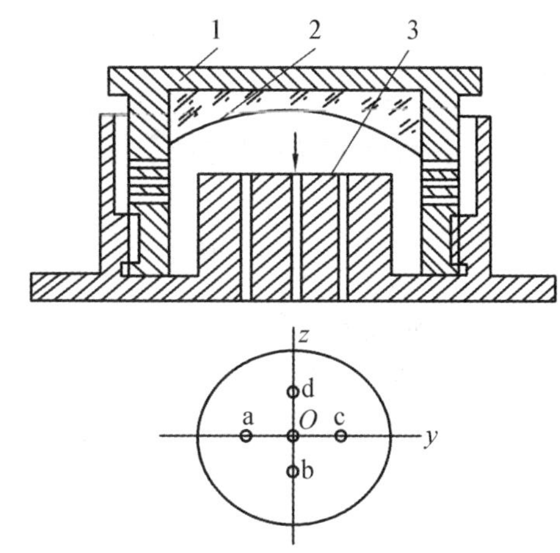

图3-9　光纤式滑觉传感器的结构示意图

1-弹性体　2-发射器　3-底座

O-发射光纤　a, b, c, d-接收光纤

在这里，光纤a、c的分布半径R_1=3.42mm，光纤b、d的分布半径R_2=3.36mm，将传感器置于空间直角坐标系中，以一定的力夹持物体，物体在传感器表面的滑动就是相对于传感器在坐标系的转动，由于光发射面为抛物面，取$z=0$的一个平面，便得到抛物面随坐标系$x'Oy'$绕x点旋转。如图3-11所示。设转角为θ，当物体在传感器表面自由下滑时：

$$\theta=\frac{2N}{kat^2} \tag{3-9}$$

当物体在传感器表面匀速滑动时：

$$\theta=\frac{N}{kvt} \tag{3-10}$$

式中　N——夹持力；
　　　k——弹性体的刚度系数；
　　　a——滑动加速度；
　　　r——匀速滑动的速度；
　　　θ——转角。

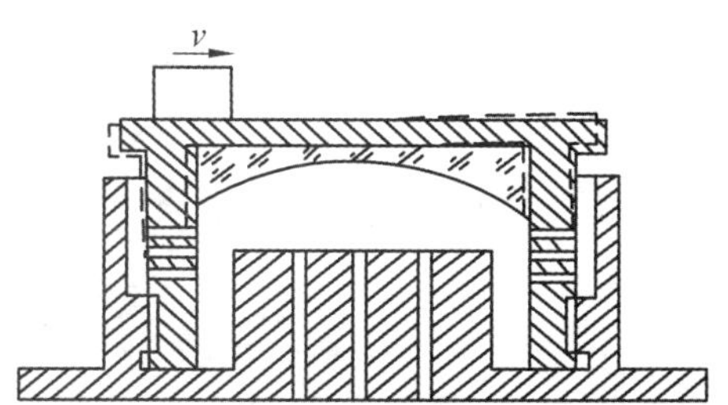

图3-10　有滑觉时弹性体的变形

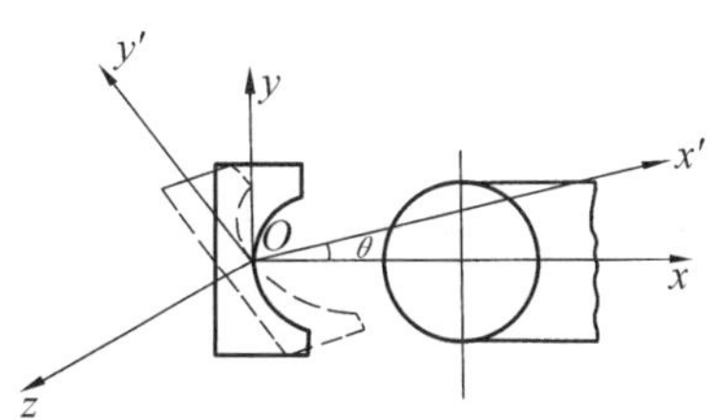

图3-11　取z=0的一个平面分析

滑觉传感器采用光电编码，当物体相对夹持体有滑动时，带动转轮转动，光栅也随之转动。码盘、发光二极管和光敏三极管三者结合，通过适当的硬件电路就可得到滑动信号和该信号的大小。图中，弹性支持主要是保证转轮与物体保持接触而又不影响对物体的夹持。

二、光电式滑觉传感器

1. 滑觉传感器的结构。光电式机器人滑觉传感器结构简图如图3-12 所示，其中图3-12（a）所示是滑觉传感器的基座，通过螺钉与机械手爪的一个手指固定；图3-12（b）所示是滑觉传感器的触头部分，采用开有横槽的筒状结构，从而使触头在轴向和径向都有一定的弹性，以此来感觉物体的滑动。实际使用时，可以在触头上贴上一层橡胶来增加摩擦力，有效地检测滑动。触头部分通过螺纹连接在基座的空腔中。

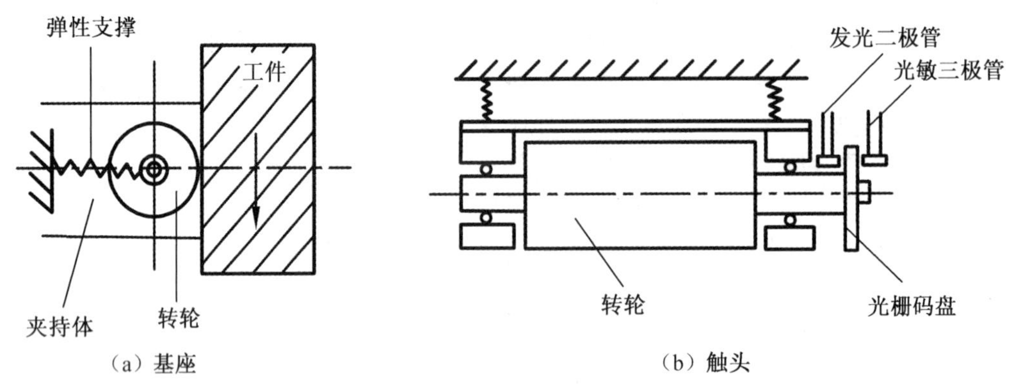

（a）基座　　（b）触头

图3-12　光电式机器人滑觉传感器结构示意图

2. 传感器工作原理。利用红外发射与接收器件，把机械的滑动信号转变为光信号，再通过光电元件把光信号转变为电信号加以检测。滑觉传感器的工作原理如图3-13所示，A为红外发光管，B为接收光电管，C为反射镜面。红外发光管A、接收光电管B及其电路封装于滑觉传感器基座的空腔内，反射镜面C贴于滑觉传感器触头的空腔内侧。当物体与手爪有相对滑动时，通过物体与触头之间的摩擦力而使触头产生运动，而弹性体产生的弹性力将阻止触头的运动，这样当物体有滑动时，在这两个力的作用下触头发生光的反射角变化，从而导致接收光电管B接收的光强发生变化，则接收光电管B的输出也会发生相应的变化，由此可以检测物体的相对滑动。

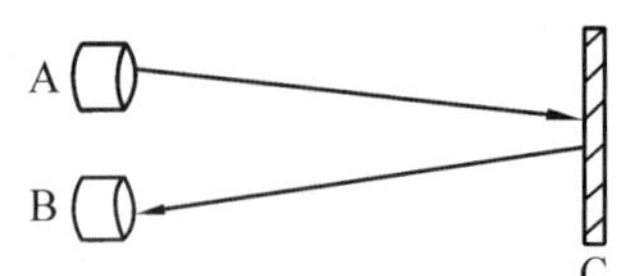

图3-13　滑觉传感器结构示意图

滑觉传感器工作原理示意图如图3-14所示，发光管A采用高灵敏度光电二极管，可以检测到微小滑动。由于A、B采用的是红外光电二极管，并且封装于传感器体内，因此具有良好的对外界可见光抗干扰的能力。

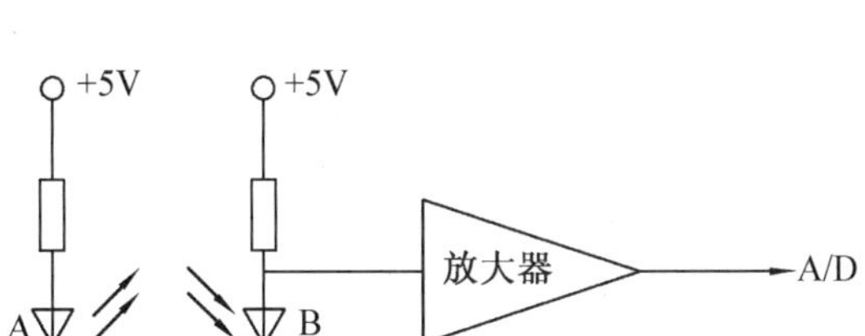

图3-14　滑觉传感器工作原理示意图

3. 滑觉传感器的性能分析。为了考察传感器的工作性能，进行了以下实验分析：当手爪夹持到物体时，由单片机驱动步进电机提升机械以恒定速度使手爪提升一小段距离，同时通过A/D 采样，检测滑觉传感器的反馈信号，保存数据文件，通过软件处理得到滑觉特性曲线。改变手爪夹持力的大小，重复第一步提升过程，记录滑觉传感器在不同夹持力下的输出，或在相同夹持力抓取不同表面质量物体时的输出。

三、高分子PVDF滑觉传感器

基于应力速率传感器，日本东京技术学校信息与控制工程系的Yamada设计了一种集成三轴力和滑觉的传感器，该传感器的结构如图3-15所示。传感器头是一个半球形的硅橡胶，内部有一个四面体的硬芯。传感头由反面成等边三角形分布的三个小半球凸起支撑，内部四面体的硬芯尖在传感头表面下，对表面尺寸的微小变化和物体表面粗糙度非常敏感。

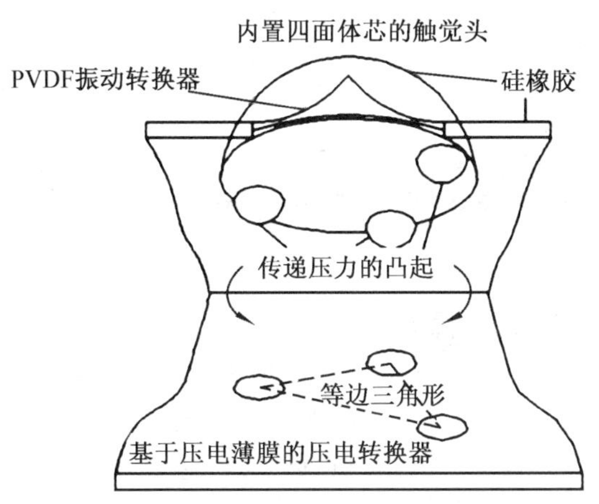

图3-15　高分子PVDF滑觉传感器结构示意图

三个小半球凸起下面是由PVDF（聚偏氟乙烯）薄膜构成的应力转换器（图3-16），分上下两层，上层是厚12 μm的PVDF薄膜，并在表面镀有铜电极，一个直径为2mm 的电极位于小半球凸起的正下方。在电极下方的压电表面区域进行特殊处理，保留约5 μm的空气隙，使电极只能在垂直方向运动。下层为电阻层和铜电极层，当小半球凸起压铜电极时，使得上层薄膜和电极产生变形，导致薄膜的导电区域同下层的电阻层接触，随压力增加，每个点的接触面积增加，使回路电阻发生变化，经电桥检测电路检出，由线弹性理

论和受力分析计算出三维力的大小。在半球形传感头内固定的另一片PVDF薄膜作为应力速率传感器,可以敏锐地检测出滑动产生的高频振动信号而测量出滑动速度。同时结合检测出的接触力位置,可计算出滑动的方向。应力检测的频率为125Hz,应力速率检测频率为1kHz。

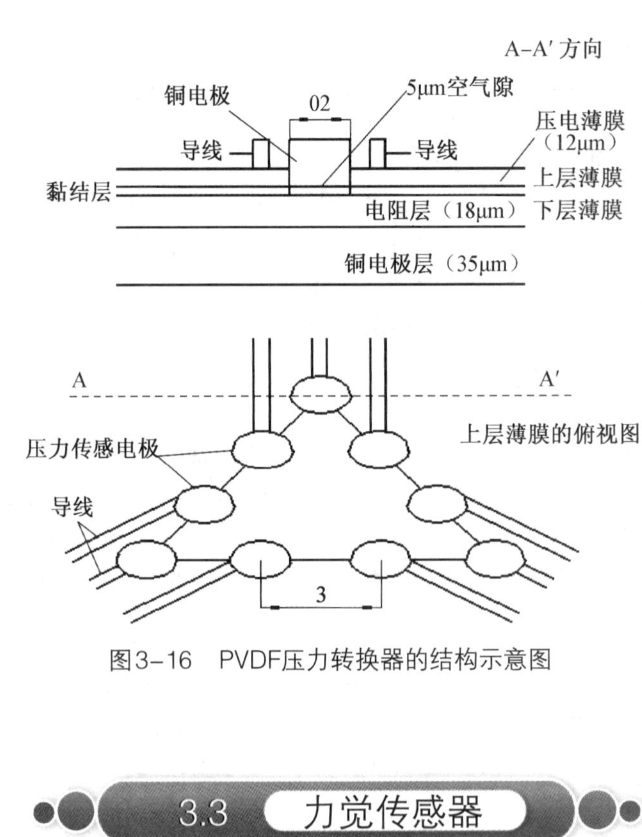

图3-16 PVDF压力转换器的结构示意图

3.3 力觉传感器

机器人的研究向高速度、高准确度、智能化、灵便、轻质方向发展,拓宽了机器人的应用领域,加速了传感器技术与机器人的结合。机器人力觉检测器是机器人传感器典型而又应用较为普遍的一种。力觉检测器的信号真实地反映机器人系统的作用力关系和力传输特征,含有丰富的内容,可以弥补各种动力学研究方法。

一、定义和分类

所谓力觉是指机器人作业过程中对来自外部的力的感知,它与压觉力不同,压觉力是垂直于力接触表面的一维力;与滑觉力的不同,滑觉力是平行于接触表面的一维力;力觉是对接触表面的三维力和三维力矩的感知。机器人力觉传感器是模仿人类的四肢功能获得机器人实际操作时的大部分力信息,是机器人主动柔顺控制研究必不可少的工具,它直接影响着机器人的力控制性能。精度高(分辨率、灵敏度和线性度等)、可靠性好和抗干扰能力强是机器人力觉传感器的主要性能要求。就传感器安装部位和原理而言,力

觉传感器可分为腕力传感器、关节力传感器、握力传感器、手指式力觉传感器、悬臂梁应变式力觉传感器。

二、腕力传感器

（一）腕力传感器的定义和分类

腕力传感器是一种重要的机器人外部传感器。它被安装在机器人手爪与手、臂的联接处，两端分别与机器人腕部和手部相连接，是测量三维力和三维力矩的主动传感系统。当机器人的手爪夹住工件进行操作时，它可以测出机械手与外部环境的接触力，即通过腕力传感器可以输出六维力信息，从而反馈给机器人控制系统，以控制或调节机械手的运动。因此，腕力传感器在机器人完成去毛刺、磨光、焊接、搬运和装配等操作中起着很重要的作用。

腕力传感器分为刚性腕力传感器和柔性腕力传感器两种。柔性腕力传感器由于研制中存在许多难点，尚停留在实验室阶段。实际使用的刚性腕力传感器按照从传感器的六个力分量获取方式分类，可以大致分为两类，即直接输出型和间接输出型。前者直接输出各向力、力矩信息，后者则要通过解耦运算间接输出各向力、力矩信息。现已得到广泛应用的为间接输出型，其典型结构为竖梁结构、横梁结构或它们的组合。根据腕力传感器弹性体的结构，腕力传感器基本上均为圆柱形梁架结构。常用的几种结构为十字梁式、轴架式和非径向三梁式，其中十字梁结构应用最为广泛。而非径向三梁式具有无径向效应、灵敏度高、易于标定的优点。

（二）刚性腕力传感器

1. 直接输出型刚性腕力传感器。直接输出型腕力传感器结构输出量的六个分量，直接由应变电桥或根据结构常数通过简单的计算获取。计算原理是在力学分析的基础上，设计出无耦合作用的弹性体，其典型代表是由美国IBM公司1975年设计的一种积木式结构，该弹性体由8个弹性元件和8个连接块组合而成，每个弹性元件上粘贴4片应变计，并连接成一个应变电桥，8个应变电桥提供8路检测信号，然后根据这8路检测信号和有关结构常数计算出6个独立力分量。这种积木式弹性体结构简单，组合方便，但它的体积庞大，非整体式构件会引起大的滞后，因此没有得到进一步推广使用。

2. 间接输出型刚性腕力传感器。间接输出型刚性腕力传感器有两种典型结构，一种为竖梁结构，另一种为横梁结构。还有一些比较复杂的结构，可视为这两种结构的改进和组合。图3-17（a）所示是典型的竖梁结构，Waston六维力/力矩传感器由三根竖直的应变梁和上下两个轮缘组成，三根梁在轮缘上按120° 均匀排列，应变梁上粘贴应变片以组成检测电桥。该结构的特点是横向（x-y轴向）效应好，而竖向（z轴向）效应差。

横梁结构的典型代表是Scheinman 六维力 / 力矩传感器，弹性体采用Malress十字架结构［图3-17（b）］，由横向（x-y轴向）排列成十字架形（呈轮辐状）的4根棱柱形应变梁与中心块和外轮缘组成。每根梁的4个侧面粘贴一应变片，相对两个应变片连接成半桥式检测电桥。Scheinman六维力 / 力矩传感器的特点是对称性好，同时兼顾了横向和竖向的应变片效果，是一种较为合理的结构，但它存在径向效应和标定矩阵近似解的不足。

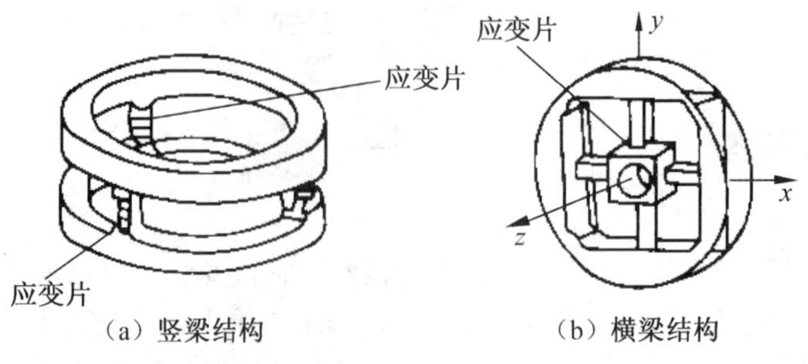

图3-17　间接输出型刚性六维力/力矩传感器结构示意图

3. 测量系统。六维腕力传感器的测量系统如图3-18所示。测量系统由内置放大器、高速A/D变换器、单片机和上位PC机组成。目前，大多数传感器在制造时，桥式电路的输出即为腕力传感器的输出。放大电路与传感器是分离的，放大电路板远离传感器，使得传感器信号（一般为1～20mV）在通过导线向放大器板传送过程中，易受到干扰信号的影响，且这一影响经放大器后得到进一步增强。传感器在这方面的改进措施：使力觉信号先经过放大器再向外传输（幅值为–5～5V），从而降低干扰的影响，提高了测量精度。内置放大器的核心元件为AD622BP线性高精度仪器放大器，当增益为1 000倍时，共模抑制比（CMMR）为130dB。

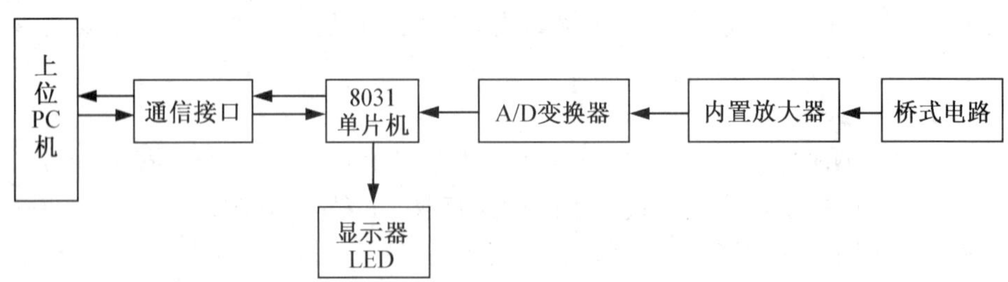

图3-18　腕力传感器测量系统方框图

下位单片机接受上位PC机的指令，对A/D转换电路传送的数据进行采集，在对实时性要求不高时，单片机可以单独进行力和力矩的计算。在对实时性要求较高的情况下，单片机把采集的数据通过通信接口传送给上位PC机，上位PC机对数据进行分析计算，得到三维力和三维力矩。

三、关节力/力矩传感器

关节力传感器是安装在机器人的关节部位，如装于关节的握力传感器，其结构比较简单，一般得到的力信息也较少，且随着机器人结构、尺寸不同，相应的传感器形状也要随之变化。关节力/力矩传感器使用应变片进行力反馈，具有代表性的是Wu、Paul、Luh和Fisher等人的研究工作。从控制结构看，由于力反馈是直接加在被控制关节上，且所有的硬件用模拟电路实现，避开了复杂计算难题，响应速度快。从实验结果看，控制系统具有高增益和宽频带。但通过实验和稳定性分析发现，减速机构摩擦力影响力反馈精度，因而使得关节控制系统产生极限环。另外，R.P.Paul、B · Shimano和H.zhang进行了通过测量关节电动机的电流信号来计算关节力矩的实验，虽然方法实现简便，但由于信噪比低且非线性的缘故，极难成功。总之，关节力传感器制造困难且必须通过转换测量关节力的缘故，关节力反馈的应用和再研究发展受到了限制。

四、握力传感器

光纤触须式机械爪握力传感器单元结构如图3-19所示，所用的光纤是50 μm、125 μm的多模光纤，波纹板是由两块相互啮合的V形槽板组成，为了保持平衡，在槽的另一端放置一根不通光的虚设光纤，板的厚度为3mm。当触须接触到物体或压力作用于握力传感器时，波纹板上盖相对于下盖的位移使光纤产生形变，通过测量光信号的衰减可间接获得压力的大小。为了确定机械爪抓取物体的方位，在机械爪的握持面放置传感器阵列，将各路信号通过多路开关送入单片机，便可准确确定机械爪抓取物的方位。

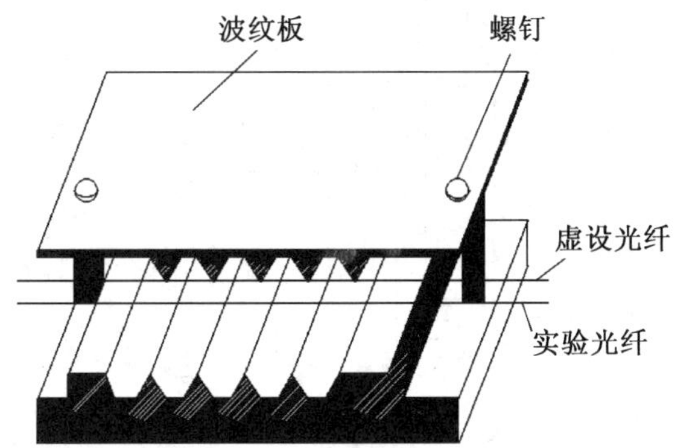

图3-19　光纤触须式机械爪握力传感器单元结构示意图

在设计、制作、连接调试之后，对系统性能进行了测试，获得的测量结果范围大、灵敏度高、效果良好，力的分辨率为5g，测量范围为0～2 500g，系统可作为一独立部分，通过串行口与控制微机相连，接口简单方便。

五、手指式力觉传感器

手指式力觉传感器，一般通过应变片测量来产生多维力信号，常用于小范围作业，如灵巧手抓鸡蛋等实验，精度高、可靠性好，渐渐成为力控制研究的一个重要方向，但多指协调复杂。

1. 传感器弹性体结构。传感器弹性体结构如图3-20所示，为组合式结构，分上、下两个部分：上部是中空正方形的四个侧面贴有应变片4和4'、5和5'。当薄壁筒有微应变时，应变片能够测量作用力矩M_x、M_y、M_z。采用中空柱与实心柱比较，使传感器对应变的敏感程度提高一倍。传感器弹性体的下部是圆环

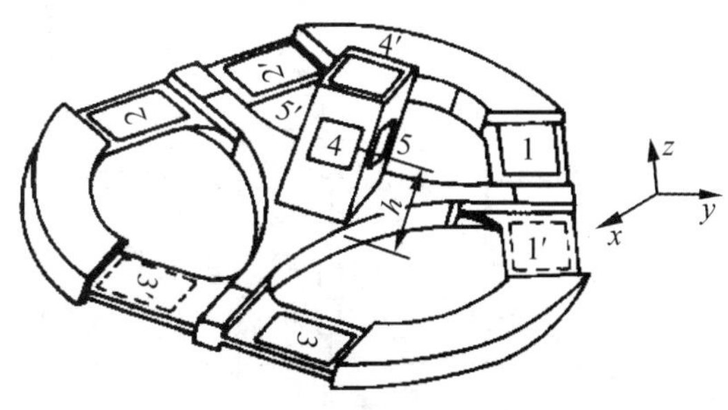

图3-20　六维力、力矩传感器弹性体结构示意图

形，圆环形上面有对称三个矩形弹性梁，弹性梁的两面分别贴有应变片，共有6个应变片组成3组桥路，圆环上其他高出部分的厚度比梁高大，当弹性梁发生微应变时，三个高出部分则不产生变形，相当于基座。当传感器受外力作用时，应变梁发生变形，可根据桥路输出值测量力和力矩。上部分与下部分通过三个桥梁相连，这中间部分可以看作刚体，受力不产生变形。传感器的输出分量有耦合，通过对其进行标定建立解耦矩阵进行解耦。

2. 机器人手指尖五维力/力矩传感器本体结构。根据上述传感器弹性体结构，机器人手指尖五维力/力矩传感器结构如图3-21所示，外壳即为手指顶部，并有连接接口，采用过载保护，为防止外力冲击而使传感器弹性体发生塑性变形。传感器外径为21mm，高度为17.5mm，最大力为10N，最大力矩为0.2N·m，底座上可以安装插座，外接引线方便，安全可靠。

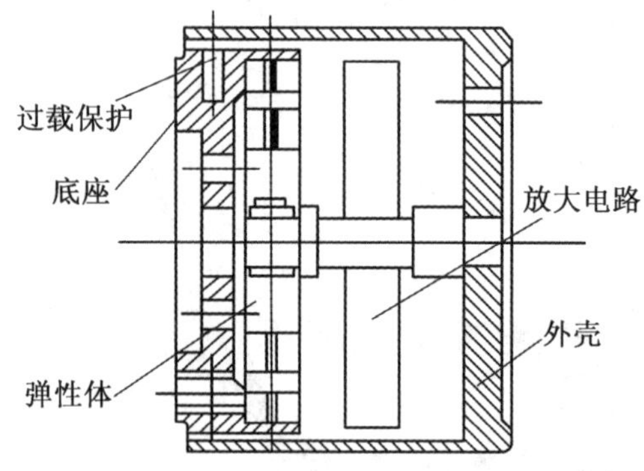

图3-21　机器人手指尖五维力/力矩传感器结构示意图

3. 传感器放大电路原理。为减少长线传输产生的噪声，将传感器放大电路（图3-22）安装在传感器内部，形成集成度高的传感器。由于传感器输出信号弱，因此必须有一个高输入阻抗、高共模抑制比、高信噪比、高放大倍数、低失调和低温度漂移的信号调理电路，且受面积限制，必须选用高性能的微型电子元件并且应用表面贴装技术来设计传感器的信号调理电路。现采用的AD623线性度好、温度稳定性好、可靠性好，并且体积小、低功耗。

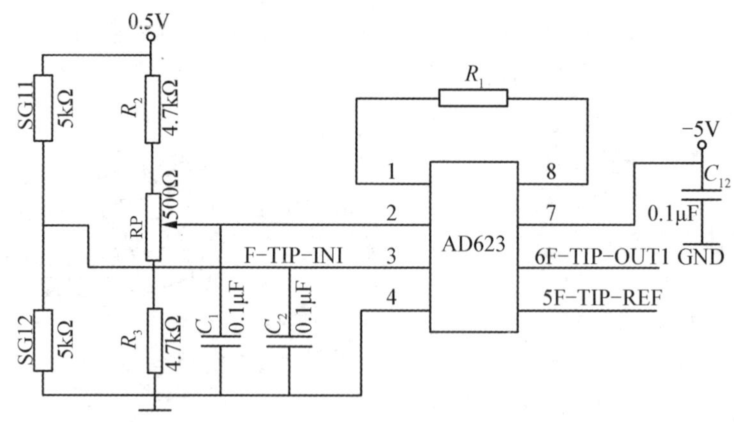

图3-22　传感器放大电路示意图

六、悬臂梁应变式力觉传感器

图3-23所示是一种悬臂梁应变式力觉传感器的受力简图，它主要由弹性体和两对应变片组成，可以用来测量力和力距，力F将使应变片1和3拉伸，而使应变片2和4压缩，其大小可由两对传感器的输出之差求得。如果力的作用点到固定支点的距离已加，就可以求出力矩。这种传感器要求力的作用点固定，且范围小。因为电信号除了与力的大小成比例外，还与力的作用点到应变片的距离有关。通过上面的分析，我们可以发现，这种力觉传感器的一种典型应用是：在机器人的手爪上安上3对这样的应变片式力觉传感器，就可以测出机器人3个方向的力和力矩。

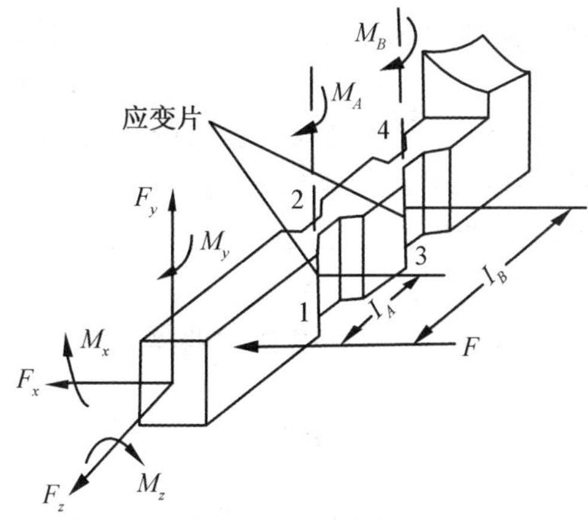

图3-23　悬臂梁应变式力觉传感器的受力简图

思考与练习

一、填空题

1. 压觉是让机械手感觉__________于物体表面方向的压力即压力分布，是用于机器人对手爪__________和__________的控制，即机器人对“软”“硬”抓握的判别。

2. 压觉传感器主要分________压觉传感器和________压觉器两种。________压觉传感器根据电阻应变敏感元件可分为两类：________和________两种。

3. 电阻应变式传感器的构造是在一定形状的弹性元件上粘贴或用其他方法安装____________。当接触力作用在弹性元件上时，弹性元件产生变形，________________随之发生变化。可用变换电路将阻值变化变成__________输出，根据________即可得知接触力的大小与作用位置。

4. 柔顺可控机器人指端应变式压觉传感器包含两个基于________的应变式压觉传感器敏感单元，将两个传感器敏感元件分别安装在机器人________上。

5. 光纤式压觉传感器由弹性体、___________、___________、___________、传感器底座等组成。

6. 机器人滑觉信号的获得有两个途径:一种是通过对_________的处理；另一种是研制专门的_________。

7. 光纤式滑觉传感器由_________、发射面、插入光纤的底座、_________、_________等构成。

8. 高分子PVDF滑觉传感器的半球形传感头内固定的一片PVDF薄膜，作为应力速率传感器可以敏锐地检测出滑动产生的高频振动信号而测量出_________。同时结合检测出的接触力位置，可计算出_________。

9. 就传感器安装部位和原理而言，力觉传感器可分为__________、__________、握力传感器、手指式力觉传感器、悬臂梁应变式力觉传感器。

10. 腕力传感器分为刚性腕力传感器和______________两种。实际使用的刚性腕力传感器按照从传感器的六个力分量获取方式分类，可以大致分为两类，即____________和____________。

11. 关节力/力矩传感器安装在机器人的__________部位，使用__________进行力反馈。由于制造困难且必须通过__________测量关节力的缘故，关节力反馈的应用和再研究发展受到限制。

12. 触须式机械爪光纤握力觉传感器，当触须接触到物体或压力作用于握力觉传感器时，波纹板的上盖相对于下盖_____________，使光纤产生_____________，通过测量光信号的____________可间接得知压力的______________。在机械爪的握持面放置传感器阵列，将各路信号通过多路开关送入单片机，便可准确确定机械爪抓取物体的______________________。

13. 手指式力传感器，一般通过___________测量而产生____________力信号，常用于___________作业。

二、选择题

1. 重工业用应变式压觉传感器由（　　）组成。

① 弹性体　② 作为应变片的锰-镍-铜合金　③ 作为应变片的钛

A. ①　　B. ①②

C. ①③　　D. ①②③

2. 机器人滑觉传感器主要分为（　　）等类型。

① 光纤式　② 光电式　③ 高分子材料PVDF

A. ①②　　B. ①③

C. ②③　　D. ①②③

3. 光纤式滑觉传感器采用（　　）编码。

A. 脉冲　　B. 正交

C. 光电　　D. 旋转

4. 腕力传感器在机器人完成去毛刺、磨光、（　　）等操作中起着很重要的作用。

① 焊接　② 搬运　③ 装配

A. ①②　　B. ①③

C. ②③　　D. ①②③

5. 间接输出型刚性腕力传感器有（　　）等结构。

① 竖梁结构　② 横梁结构　③ 竖梁、横梁两种结构的改进和组合

A. ①　　B. ②

C. ③　　D. ①②③

三、判断题

1. 锰-镍-铜合金对压力敏感，而钛对温度敏感。（　　）

2. FPSR™系列传感元压觉传感器只能检测压力。（　　）

3. 滑觉一般表现为接触面的振动，宏观而言，就是相互接触的物体在外力的作用下由动摩擦变为静摩擦的过程。（　　）

4. 高分子PVDF滑觉传感器的传感器头是一个球形的硅橡胶，内部有一个四面体的硬芯。（　　）

5. 高分子PVDF滑觉传感器的传感头表面下四面体的硬芯尖，对表面尺寸的微小变化和物体表面粗糙度非常敏感。（　　）

6. 由于手指式力传感器输出信号弱，因此必须有一个高输入阻抗、高共模抑制比、高信噪比、高放大倍数、低失调和低温度漂移的信号调理电路。（　　）

7. 在机器人的手爪上安上3对悬臂梁应变式力觉传感器，就可以测出机器人3个方向的力和力矩。（　　）

四、简答题

1. 描述FPSR™系列传感元压觉传感器的检测电路工作原理。

2. 光纤式滑觉传感器的对象物与传感器之间相对滑动时，各光纤的光强如何变化？
3. 描述光电式机器人滑觉传感器的工作原理。
4. 描述力觉的定义及与压觉、滑觉的区别。
5. 六维腕力传感器的测量系统由哪几部分组成？传感器内置放大器的好处是什么？

项目四　工业机器人外部传感器——接近觉传感器

接近觉传感器是指机器人手接近对象物体的距离在几毫米到十几厘米时，就能检测与对象物体的表面距离、斜度和表面状态的传感器。接近觉传感器采用非接触式测量元件，一般装在工业机器人末端执行器上。其至少有两方面作用：一是在接触到对象物体之前事先获得位置、形状等信息，为后续操作做好准备；二是提前发现障碍物，对机器人运动路径提前规划，以免发生碰撞。常见接近觉传感器可分为5种，电磁式（感应电流式）、光电式（反射或透射式）、电容式、气压式、超声波式和红外线式等。图4-1所示为各种接近觉传感器的感知物理量。

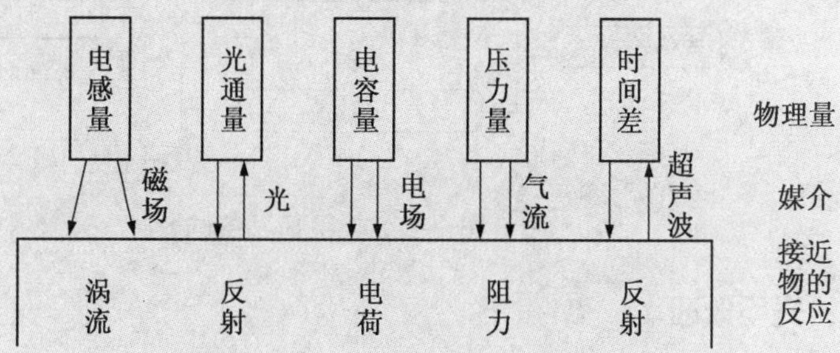

图4-1　接近觉传感器的感知物理量

本项目主要学习光电传感器、光纤传感器、电涡流传感器、红外光传感器等主要接近觉传感器。

4.1 光电传感器

一、光电传感器的概念及分类

光电传感器是将光信号转换为电信号的一种传感器。使用这种传感器测量非电量时，只需将这些非电量的变化转换成光信号的变化，就可以将非电量的变化转换成电量的变化进行检测。光电传感技术用于检测非电量，具有结构简单、非接触、高可靠性、高精度和反应快等特点。因此，广泛应用于空间位置测定（如导弹制导、雷管引爆、定位跟踪、人造卫星检测）、图像控制、辐射检测、光谱辐射补量、工业监视、病情初期诊断等领域。

光电传感器的分类如图4-2所示。

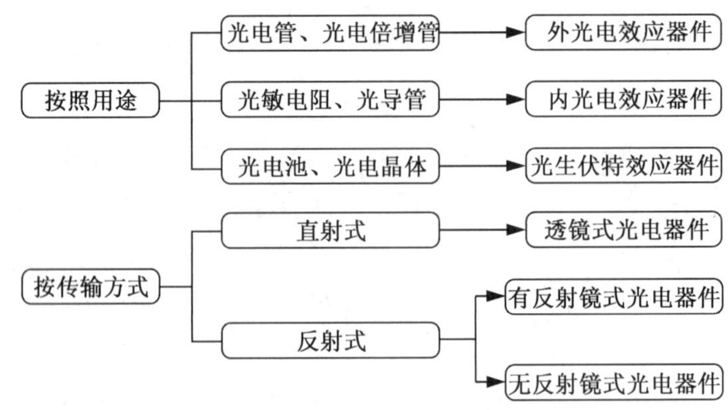

图4-2　光电传感器的分类

二、光电效应

光电传感器是利用光电效应原理制成的传感器，光电效应分为外光电效应和内光电效应。

（一）外光电效应

光线照射在某些物体上，引起电子从这些物体表面逸出的现象称为外光电效应，也称光电发射。逸出来的电子称为光电子。

根据能量守恒定律，要使电子逸出并具有初速度，光子的能量必须大于物体表面的电子逸出功。由于光子的能量与光谱成正比，因此要使物体发射出光电子，光的频率必须高于某一限值，这个能使物体发射光电子的最低光频率称为红限频率。小于红限频率的入射光，光再强也不会激发光电子；大于红限频率的入射光，光再弱也会激发光电子。把单位时间内发射的光电子数称为光电流，它与入射光的光强成正比。

基于外光电效应的光电器件有光电管和光电倍增管。

（二）内光电效应

物体受光照射后，其内部的原子释放出电子，这些电子仍留在物体内部，使物体的电阻率发生变化或产生光电动势的现象称为内光电效应。内光电效应又细分为光电导效应和光生伏特效应。

1. 光电导效应。入射光强改变物质导电率的物理现象称为光电导效应。这种效应几乎是所有高电阻率的半导体都有的。如图4-3所示，在入射光线的作用下，电子吸收光子能量，从价带被激发到导带上，过渡到自由状态。同时价带也因此形成自由空穴，使导带的电子和价带的空穴浓度增大，引起电阻率减少。基于光电导效应的光电器件有光敏电阻。

2. 光生伏特效应。光生伏特效应是指半导体材料吸收光能后，在PN结上产生电动势的效应。不加偏压的PN结在光照射时，可激发出电子-空穴对，在PN结内电场作用下空穴移向P区，电子移向N区，使P区和N区之间产生电压，这个电压就是光生伏特效应产生的光生电动势。基于光生伏特效应制成的光电元件有光电池。

如图4-4所示，PN结处于反偏状态下，无光照时P区电子和N区空穴都很少，反向电阻很大，反向电流很小；当有光照时，光子能量足够大，产生光生电子-空穴对，在PN结电场作用下，电子移向N区，空穴移向P区，形成光电流I，电流I方向与反向电流一致，并且光照越强，光电流越大。基于此效应的光电元件有光敏二极管、光敏三极管。

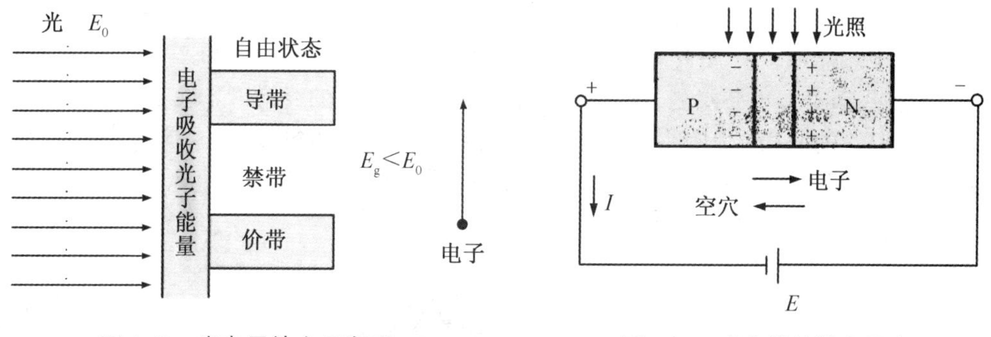

图4-3　光电导效应示意图　　图4-4　光生伏特效应示意图

三、常用光电器件

（一）光电管和光电倍增管

1. 光电管。

（1）光电管的外形。光电管由光电阴极和阳极封装在一个玻璃壳内组成，光电阴极涂有光敏材料。图4-5所示为几种常见的光电管。

（2）光电管的结构及工作原理。图4-6（a）所示为光电管的结构，光电管的工作原理如图4-6（b）所示。在光电管电路中，当无光线照射时，电路不通；当有光线照射时，如果光子的能量大于电子的逸出功，则会有电子逸出并产生电子发射。电子被带有正电的阳极吸引，在光电管内形成光电流，根据电流大小可知光量的大小。

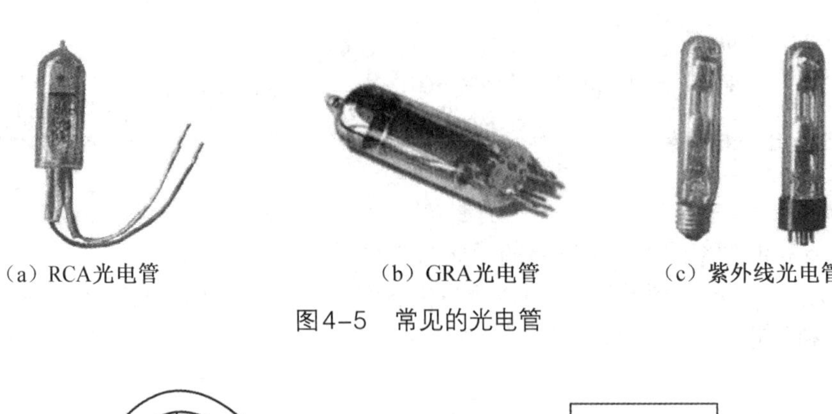

（a）RCA光电管　（b）GRA光电管　（c）紫外线光电管

图4-5　常见的光电管

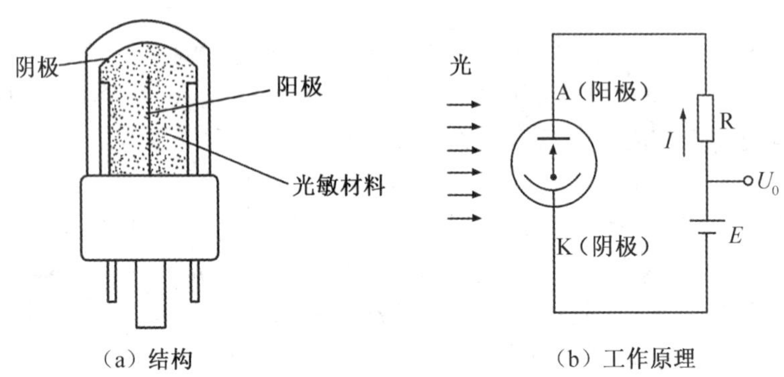

（a）结构　（b）工作原理

图4-6　光电管

2. 光电倍增管。当用光电管去测量很微弱的入射光时，光电管产生的光电流很小（小于零点几毫安），不易检测，误差也大，说明普通光电管的灵敏度不够高。

在光电管的阴极与阳极之间（光电子飞跃的路程上）安装若干个倍增极，就构成了光电倍增管，其结构如图4-7（a）所示，外形如图4-7（b）所示。

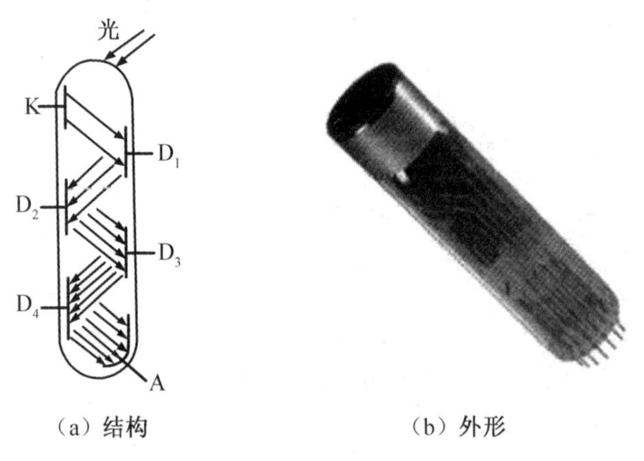

（a）结构　（b）外形

图4-7　光电倍增管

当高速电子撞击物体表面时，它将一部分能量传给该物体中的电子，使电子从物体表面逸出，称二次电子发射。倍增极就是二次发射体。二次电子发射数量的多少，与物体的材料性质、物体表面状况、入射的一次电子能量和入射的角度等因素有关。

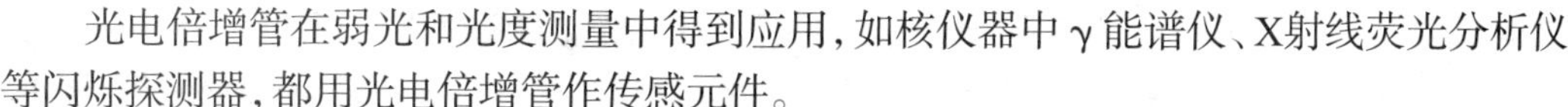

光电倍增管在弱光和光度测量中得到应用，如核仪器中γ能谱仪、X射线荧光分析仪等闪烁探测器，都用光电倍增管作传感元件。

（二）光敏电阻

光敏电阻的工作原理是基于光电导效应，由掺杂的光导体薄膜（光导体）沉积在绝缘基片上而成，是一个纯粹的电阻，没有极性，其外形如图4-8（a）所示。

光敏电阻上可以加直流电压，也可以加交流电压。例如，将它接在如图4-8（b）所示电路中，当无光线照射时，由于光敏电阻的阻值太大，因此电路中电流很小；当有适当波长范围内的光线照射时，因其阻值变得很小，所以电路中电流增加，根据电流表测出的电流变化，即可推算出照射光强的大小。

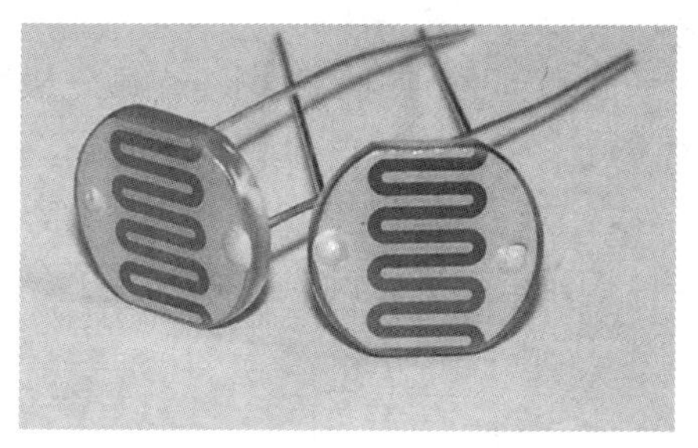

（a）外形

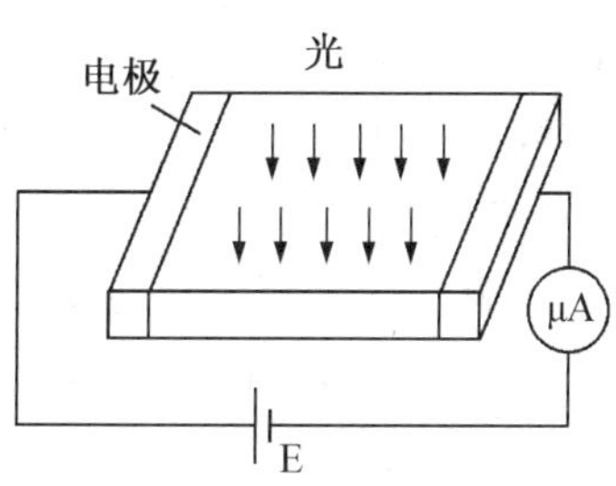

（b）工作示意图

图4-8　光敏电阻

利用光敏电阻在无光照射和有光照射时的电流变化来探测光的存在和强弱，其优点是方法简单，且元件体积小；缺点是其阻值不够大，限制了它的应用范围。

（三）光敏二极管和光敏三极管

光敏晶体管工作原理主要基于光生伏特效应，广泛应用于可见光和远红外探测，以及自动控制、自动报警、自动计数等领域和装置。

1. 光敏二极管。光敏二极管与一般二极管相似，它们都有一个PN结，并且都是单向导电的非线性元件。但是作为光敏元件，光敏二极管在结构上有特殊之处。如图4-9（a）所示，光敏二极管封装在透明的玻璃外壳中，PN结在管子的顶部，可以直接受到光照，为了提高转换效率，需要大面积受光，因此PN结的面积比一般二极管大。

将光敏二极管加反向电压［图4-9（c）］，当无光照射时，与普通二极管一样，电路中仅有很小的反向饱和漏电流，称暗电流，此时相当于光敏二极管截止；当有光照射时，PN

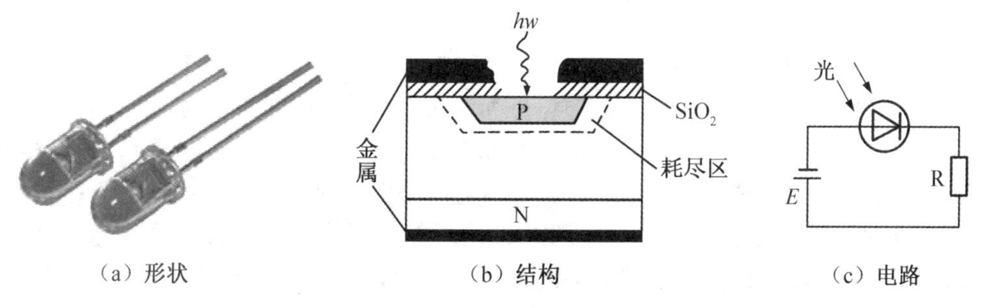

（a）形状　（b）结构　（c）电路

图4-9　光敏二极管

结附近受光子的轰击，半导体中被束缚的价电子吸收光子能被激发产生电子-空穴对，在反向电压的作用下，反向饱和电流大大增加，形成光电流，这时相当于光敏二极管导通。这表明PN结具有光电转换功能，故光敏二极管又称光电二极管。

2. 光敏三极管。光敏三极管把光敏二极管产生的光电流进一步放大，是具有更高灵敏度和响应速度的光敏传感器。

光敏三极管与光敏二极管外形结构上很相似，通常也只有两个引出线——发射极e和集电极c，基极b不引出，但光敏三极管有两个PN结［图4-10（a）］，管芯封装在窗口的管壳内，管壳同样开窗口，以便光线射入。为增大光照，基区面积做得很大，发射区较小，入射光主要被基区吸收。工作时集电结反偏，发射结正偏。光敏三极管可以看成是普通三极管的集电结用光敏二极管代替的结果。

图4-10（b）所示为一个光敏三极管的平面和剖面结构示意图。光敏三极管的电路如图4-10（c）所示，当无光照射时，三极管集电结反偏，暗电流相当于普通三极管的穿透电流；当有光照射集电结附近的基区时，激发出新的电子-空穴对，经放大形成光电流。光敏三极管利用类似普通三极管的放大作用，将光敏二极管的光电流放大了（$1+\beta$）倍，所以它比光敏二极管具有更高的灵敏度。

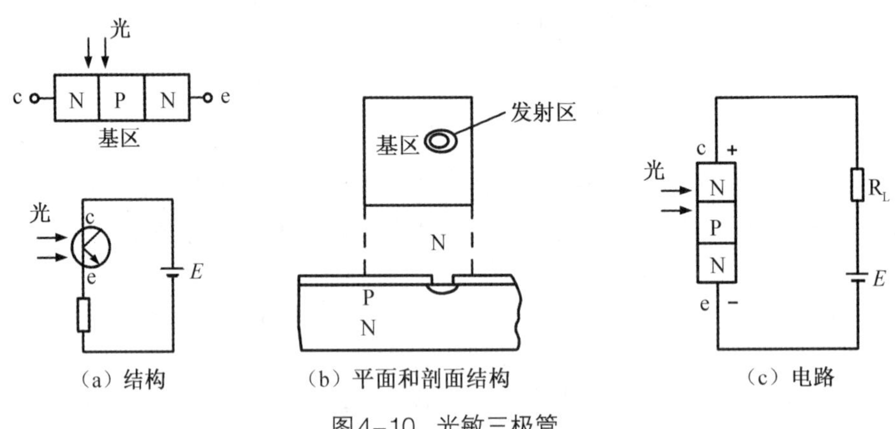

图4-10　光敏三极管

（四）光电池

光电池能将入射光能量转换成电压和电流，属于光生伏特效应元件。光电池是一种自发电式的光电元件，可用于检测光的强弱，以及能引起光强变化的其他非电量。目前应用最广泛的是硅光电池，它具有性能稳定、光谱范围宽、频率特性好、转换效率高、耐高温、耐辐射等优点。

硅光电池的工作原理是在一块N型硅片上用扩散的方法掺入一些 P 型杂质而形成一个大面积PN结作为光照敏感面（如图 4-11所示），当光照射P区表面时，P区内每吸收一个光子便产生一个电子-空穴对，P区表面吸收的光子越多，激发的电子-空穴对也越多，而越向内部则越少，这种浓度差便形成从表面向内部扩散的自然趋势。由于PN结内电场的方向是由N区指向P区的，它使扩散到PN结附近的电子-空穴对分离，光生电子被推向N区，光生空穴被留在 P 区，从而使 N 区带负电，P 区带正电，形成光生电动势。若用导线连接P区和N区，电路中就有光电流流过。

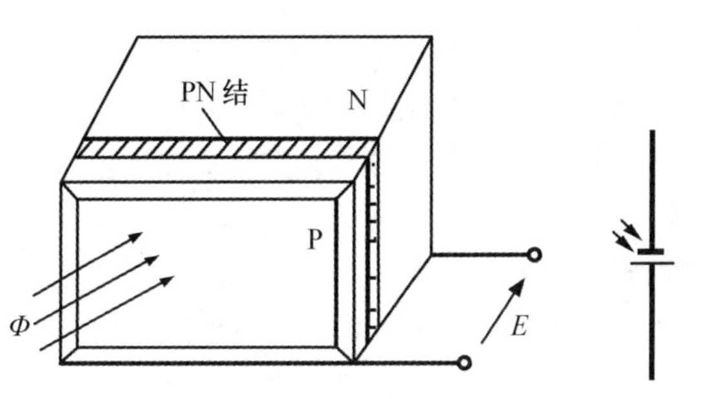

（a）结构　　（b）符号

图4-11　光电池

（五）光电耦合件

光电耦合件是将发光元件和光敏接收元件组合在一起的一种器件。光电耦合件的输入与输出之间在电气上完全绝缘，它主要用光来实现电信号的传递。光电耦合件是将发光元件和光敏接收元件组装在同一管壳中，且两者的管芯相对，除光路外二者完全隔离。在工作时，电信号加在输入端，使发光元件发光，同一管芯中的光敏元件接收到这种光辐射后输出电流，实现了电–光–电的两次转换。目前常用的光电耦合件里的发光元件多采用发光二极管，而光敏接受元件多为光敏二极管和光敏三极管，还有少数采用光敏达林顿管、光敏晶闸管或光敏集成电路。光电耦合件结构和图形符号如图4-12所示。

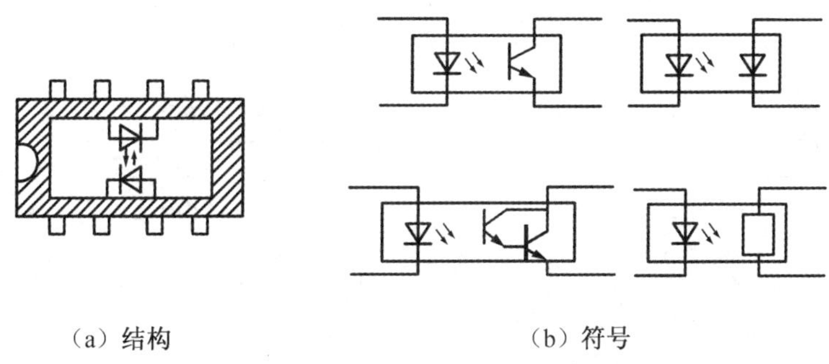

（a）结构　　（b）符号

图4-12　光电耦合件

四、光电传感器的基本组成

光电传感器在测控应用中，一般先将被测量转换成光通量，再经过光电器件转换成电量，然后进行显示、记录或控制。因此，光电传感器主要由光源、光学通路、光电器件和测量电路组成，如图4-13所示。

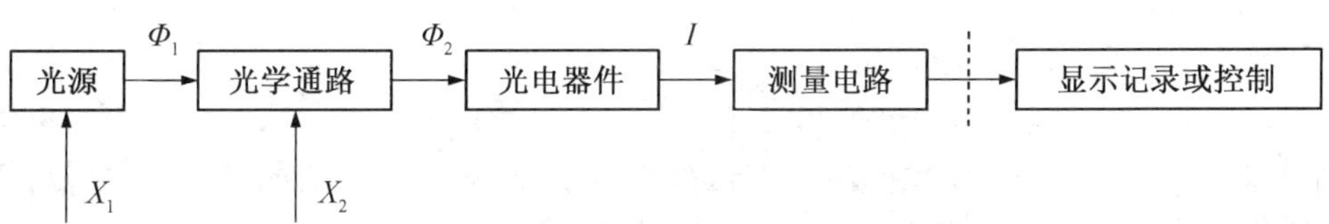

图4-13　光电传感器的基本组成方框图

1. 光源。光电传感器中的光源可采用白炽灯、气体放电灯、激光器、发光二极管以及能够发射可见光谱、紫外线光谱和红外线光谱的其他器件。

2. 光学通路。光学通路中常用的光学元件有透镜、滤光片、光阑、光楔、棱镜、反射镜、光通量调制器、光栅以及光导纤维等，主要用来对光参数进行选择、调整和处理。

被测信号有两种途径转换成光通量的变化：一种是被测量 X_1 直接对光源进行作用，使光通量 Φ_1 发生变化；另一种是被测量 X_2 作用于光学通路中，使传播过程中的光通量 Φ_2 发生变化。

3. 光电器件。光电器件的作用是检测照射于其上的光通量的变化，并转换成电信号的变化。

4. 测量电路。由于光电器件输出的电信号较小，因此需采用测量电路对信号进行放大和转换处理，把光电器件输出的电信号变换成后续电路可用的信号。

五、光电传感器的基本类型

光电传感器按照其输出信号的类型可分为模拟量光电传感器和数字量光电传感器。模拟量光电传感器是把被测量转换成连续变化的光电流；数字量光电传感器是把被测量转换成断续变化的光电流，输出信号只有两种状态，即“通”与“断”的开关状态。

在模拟量光电传感器应用中，根据被测物、光源、光电器件之间的关系，又可分为直射式、透射式、反射式和遮蔽式四种，如图4-14所示。

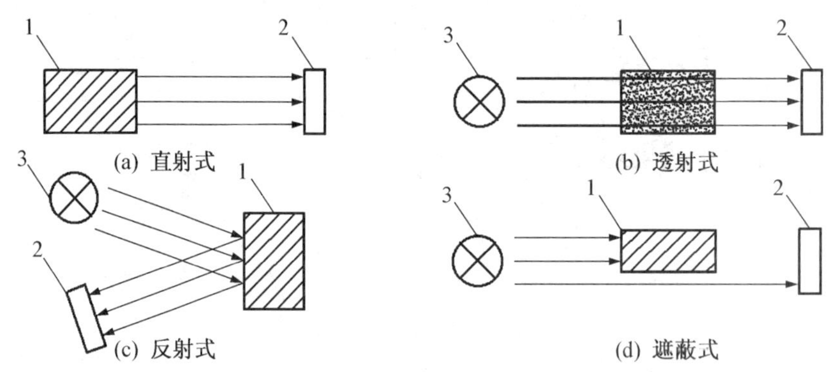

图 4-14 模拟量光电传感器的几种形式

1-被测物体 2-光电器件 3-恒光源

1. 直射式。直射式光电传感器如图 4-14（a）所示，光源本身就是被测物体，被测物发出的光投射到光电器件上，产生光电流输出。其典型应用有光电高温比色温度计、光照度计、照相机曝光量控制等。

2. 透射式。透射式光电传感器如图4-14（b）所示，恒光源发射的光通量一部分由被测物体吸收，另一部分则穿过被测物体投射到光电器件上。透射式光电传感器可根据被测对象对辐射光的吸收量或对频谱的选择来测量液体、气体的透明度和浊度或对气体进行成分分析、对液体中某种物质的含量进行测定等。

3. 反射式 。反射式光电传感器如图4-14（c）所示，恒光源发出的光通量投射到被

测物体上，然后从被测物体表面反射到光电器件上，反射的光通量取决于被测物体的反射条件。由于反射光通量的多少取决于被测对象表面的性质和状态，因此反射式光电传感器常用于测量工件表面的粗糙度、纸张的白度等。

4. 遮蔽式。遮蔽式光电传感器如图4-14（d）所示，恒光源发射出的光通量投射到被测物体上，受到被测物体的遮蔽，使照射到光电器件上的光通量改变，光电器件的输出量反映了被测物体的尺寸。遮蔽式光电传感器常用于测量被测物体的几何尺寸、运动状态（线位移、角位移）等。

六、光电传感器应用实例

（一）条形码扫描笔

商品外包装上的条形码是由黑白相间、粗细不同的线条组成的，包含了国家、厂家、商品型号、规格、价格等信息，对这些信息的检测可以通过光电扫描笔来实现。条形码扫描笔的结构如图 4-15 所示，前方为光电读入头，它由一个发光二极管和一个光敏三极管组成。当扫描笔头在条形码上移动时，若遇到黑色线条，发光二极管发出的光线将被黑线吸收，光敏三极管接收不到反射光，呈现高阻抗，处于截止状态；当遇到白色间隔时，发光二极管所发出的光线被反射到光敏三极管，光敏三极管产生光电流而导通。整个条形码被扫描笔扫过之后，光敏三极管将条形码变成了一个个电脉冲信号，该信号经放大、整形后便形成了脉冲列，再经计算机处理，即可完成对条形码信息的识读。

图4-15　条形码扫描笔

（二）光电转速计

光电转速计如图 4-16 所示。在待测转速轴上固定一个带孔的设置盘，在设置盘一边为恒光源，另一边接光电转换器。当光电转换器V_1无光照时，V_1、VT_1、VT_2截止，VT_3饱和，U_o为低电平；当恒光源产生的光通过小孔照到光电转换器上，即V_1有光照时，V_1、VT_1、VT_2导通，VT_3截止，U_o为高电平，因此转轴每转一周，电路就输出一个脉冲信号，送入计数器进行计数，通过计数值可以得出转速，并可通过显示器进行显示。

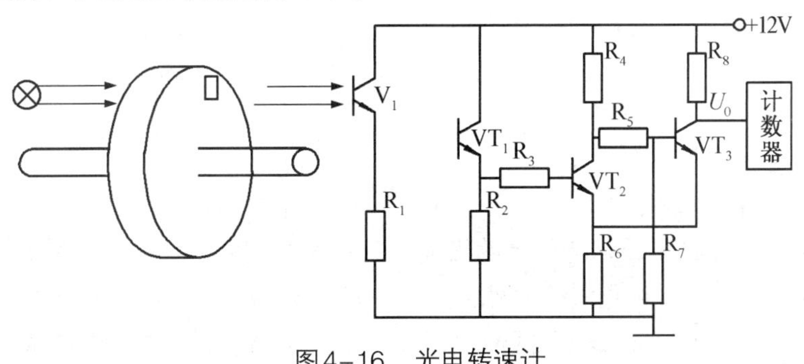

图4-16　光电转速计

4.2 光纤传感器

光导纤维简称光纤，是20世纪后期发展起来的新兴光电子技术材料。早期光纤主要用于通信领域，在20世纪70年代开始用于传感器领域。光纤传感器的基本工作原理是将来自光源的光信号经过光纤送入调制器，使待测参数与进入调制区的光相互作用后，导致光的光学性质（如光的强度、波长、频率、相位、偏振态等）发生变化，成为被调制的信号源，再经过光纤送入光探测器，经解调后，获得被测参数。光纤传感器是光纤与光电检测技术相结合而产生的新型传感器，它具有优良的传光性能，以及体积小、重量轻、灵敏度高、可靠性好、抗电磁干扰、抗腐蚀、耐高压、可挠曲、防爆性好、频带宽、损耗低等特点，同时它还便于与计算机相连，实现智能化和远距离监控。光纤传感器可以测量多种物理量，如声场、电场、压力、温度、角速度、加速度、振动、磁场等，还可以完成现有测量技术难以完成的测量任务。因此，光纤传感器广泛应用于医疗、交通、电力、机械、石油化工、民用建筑以及航空航天等各个领域。

一、光纤的结构和传光原理

（一）光纤的结构

光纤由纤芯、包层和外套组成，其结构如图 4-17 所示。纤芯位于光纤的中心，是由石英玻璃或塑料制成的圆柱体，直径约为5～150 μm。围绕着纤芯的一层称为包层，直径约为 100～200 μm，也由玻璃或塑料制成，纤芯的折射率n_1稍大于包层的折射率n_2。包层的外面常用尼龙或橡胶制成外套，以增强光纤的机械强度，起保护作用。

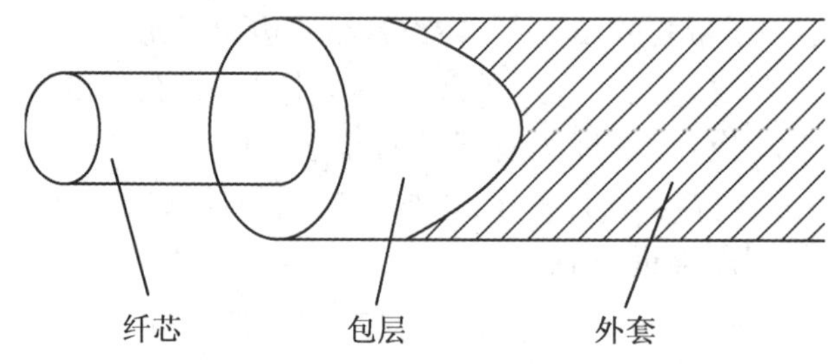

图4-17 光纤的结构

（二）光纤的传光原理

在纤芯内传播的光波，可以分解为沿轴线方向传播和沿半径方向传播的平面波。沿半径方向传播的平面波在纤芯与包层的界面上将产生反射，如果在入射和反射的一个往复过程中相位的变化为 2π的整数倍，就会形成驻波。只有那些以特定角度射入光纤的光波才能形成驻波，才可以在光纤内传播。在光纤中传播的光波称为模，通常在光纤中只

能传播一定数量的模。根据光纤的传输模式可以把光纤分为单模光纤和多模光纤。单模光纤的线径很细，包层厚，只能传播一个光波；多模光纤的线径较粗，包层薄，能够传播几百个光波。

光纤的传光原理如图 4-18 所示，根据几何光学原理，当光线进入折射率较大的光密介质（纤芯）射向折射率较小的光疏介质（包层）时，会产生折射和反射。如果加大入射角，使入射角大于全反射临界角时，则入射的光线就会在交界面处产生全反射，即入射光不再进入包层，全部被纤芯和包层的交界面反射，并在光纤内部以同样的角度不断地产生全反射，呈“之”字形向前传播，这样光波就从光纤的一端以光速传播到另一端。

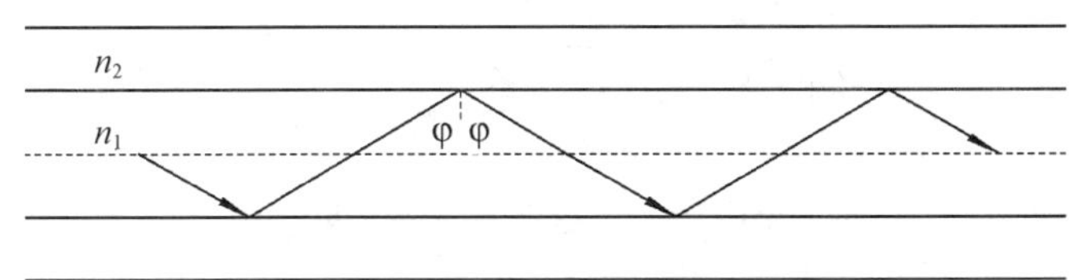

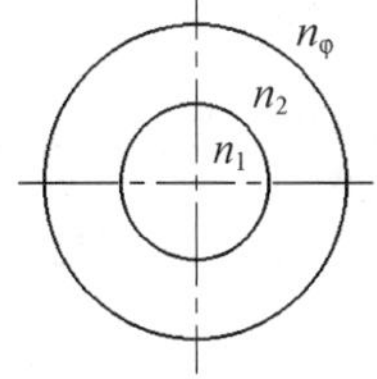

图 4-18　光在光纤中传播

二、光纤传感器组成及分类

（一）光纤传感器的组成

光纤传感器一般是由光源、接口、光纤、光调制机构、光电探测器和信号处理系统等部分组成。来自光源的光线，通过接口进入光纤，然后将检测的参数调制成幅度、相位、色彩或偏振信息，最后利用微处理器进行信息处理。概括地说，光纤传感器一般由三部分组成，即由光纤、光源和光电探测器（光电元件）构成。图4-19所示为光纤传感器外形示意图。

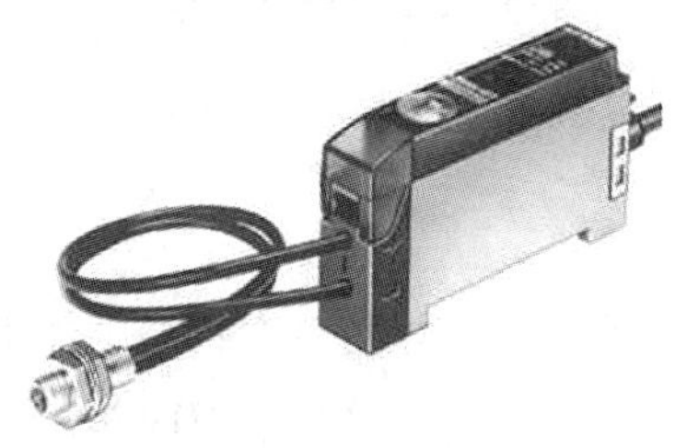

图4-19　光纤传感器外形示意图

（二）光纤传感器的分类

按照光纤在传感器中的作用，光纤传感器分为功能型和非功能型两种类型。

1. 功能型光纤传感器 。功能型光纤传感器中的光纤不仅起传光的作用，同时光纤自身还作为敏感元件感受被测量的变化。它利用光纤本身的传输特性经被测物理量作用而发生变化的特点，使光波传导的属性（振幅、相位、频率、偏振）被调制，因此这类光纤传感器又分为光强调制型、偏振态调制型、相位调制型和波长调制型等几种。功能型光纤传感器中的光纤同时具有传、感两种功能，所以又称为传感型光纤传感器。由于它利用被测对象调制或改变光纤的特性，所以多采用多模光纤。同时，由于光纤本身为敏感元件，因而加长光纤的长度可以得到很高的灵敏度。功能型光纤传感器结构如图 4-20（a）所示。

2. 非功能型光纤传感器。非功能型光纤传感器中的光纤仅仅起到传光的作用，它必须附加敏感元件，由外置的敏感元件感受被测量的变化，然后调制到光信号中再传递给光纤，其结构如图4-20（b）所示。 非功能型光纤传感器中的光纤仅作为传光元件，所以又称为传光型光纤传感器，为了传输更多的光量，通常采用单模光纤。

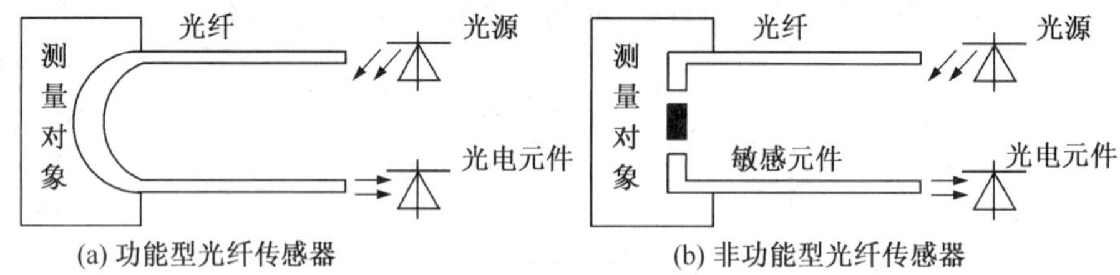

图4-20　光纤传感器结构示意图

三、对射式光纤传感器应用

当被测物挡住光束时，传感器输出产生变化以指示被测物被检测到。对射式光纤传感器分为发射和接收两部分，由于光的发散性，发射部分发射出去的光束并不是一条直线，而是呈发散状的，在距离发射部分较远处可能光斑就变得比较大。因此，对于对射式光纤传感器，尤其是多个传感器同时安装且距离较近时，要注意传感器的安装位置，如图4—21所示 。

图4-21　对射式光纤传感器安装

对射式光纤传感器的特点：

1. 对射式——光路对准：光路对准可使最大数量的发射光到达接收器，发射光要位于接收区域的中央位置。当发射器为可见光时，为使光路对准方便，在接收器镜头的正前方放一浅色的标定物，通过观察照在标定物上的光斑来调整发射器位置。将标定物移开，观察传感器上的过量增益指示灯，细调发射器和接收器的位置以达到最佳的对准位置。

2. 对射式——检测距离：检测距离是传感器一个很重要的参数。对于对射式光纤传感器，此参数是指传感器的发射器与接收器之间的最大距离。有效光束是指发射的所有光束中起作用的那部分，为了可靠检测物体，此部分光必须要被全部遮挡，所以对射式检测模式的有效光束，我们可以将其比喻为连接发射器。

由于有效光束与发射器发射的光束或接收器的可接收区域是不一样的，对于镜头（或超声波变送器）与接收器镜头（或变送器）的一个杆，如果发射器和接收器的镜头大小不一样，则此杆会变成锥形。

用对射式光纤传感器检测小的部件或进行精确定位时，其有效光束可能会太大，以致不能进行可靠检测。在这种情况下，可以给传感器加装光缝来减小有效光束的尺寸。（注意：在选择光缝材料时，要注意有些非金属材料可能会被高能的调制光穿透）

安装光缝会减小通过镜头的光的能量（光缝越小，通过的光就越少）。例如，直径20mm的镜头上安装呈5mm孔的光缝后，则通过此孔的光的能量仅为原来的1/16th（1th=25.4×10^{-3}mm），如果发射器和接收器都安装了光缝，则光的能量会损失双倍。

矩形光缝与同尺寸的圆孔形光缝相比，其镜头接收光的区域较大。因此，如果被测物通过光束的方向是一定的，则优先选用矩形光缝（如边沿检测）。如果小的被测物通过光束的方向不是固定的，则优先选用圆孔形光缝。如果被测物在通过时总是非常靠近发射器或接收器，则仅需安装一个光缝即可。其有效光束尺寸在有光缝的一端为光缝上孔的尺寸，在未安装光缝的一端为镜头的尺寸，则成为锥形。

在使用对射式光纤传感器检测小物体时，一方面要保证有效光束的尺寸必须小于被测物的最小尺寸，同时要使镜头保留尽可能大的可视区域，以保证足够的检测距离。一种简便的方法就是使用光纤，这种光纤检测头的出光孔有多种形状和尺寸，以适用于不同的被测物。有些高能的经过调制的对射式光纤传感器，在近距离使用时，有时会在被测物周围产生光能激增现象，致使传感器产生误动作。这也是为什么要求被测物尺寸一定要大于有效光束尺寸的原因之一。

对于对射式超声波传感器，通过使用声波引导器件可以确定其波形图。此器件安装在接收器的变送器上（有时也安装在发射器上），安装此器件后，接收器对从侧面过来的声波反应就会很弱，因而可以比较可靠地检测小的物体。

4.3 电涡流传感器

在电工学中，我们学过有关电涡流的知识。当导体处于交变磁场中时，铁芯会因为电磁感应而在内部产生自行封闭的电涡流而发热。变压器和交流电动机的铁芯都是用硅钢片叠制而成，就是为了减小电涡流，避免发热。但人们也能利用电涡流做有用的工作，如电磁灶、中频炉、高频淬火等都是利用电涡流原理而工作的。

在检测领域，电涡流的用途就更多了，可以用来探测金属（安全检测、探雷等）、非接触地测量微小位移和振动以及测量工件尺寸、转速、表面温度等诸多与电涡流有关的参量，还可以作为接近开关和进行无损探伤。它最大的特点是非接触测量，是检测技术中用途十分广泛的一种传感器。

一、电涡流传感器的概念

电涡流传感器是利用电涡流效应把被测量变换为传感器线圈阻抗的变化而进行测量的一种装置。图4-22所示为几种常见的电涡流传感器的外形。

图4-23所示为电涡流传感器的组成示意图，由探头、转接头、延伸电缆、前置器等构成。

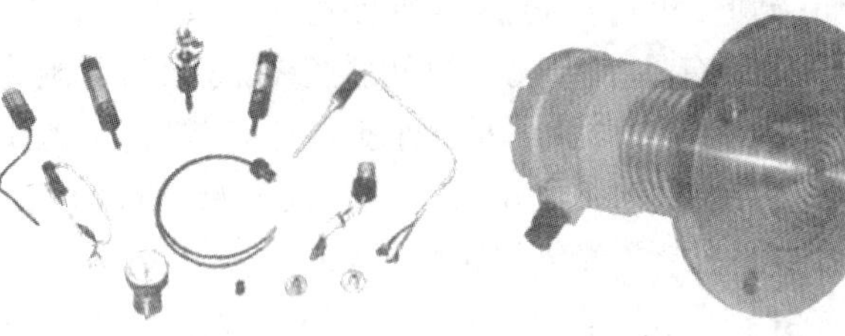
（a）电涡流探头

（b）电涡流压力变送器

（c）位移振动传感器

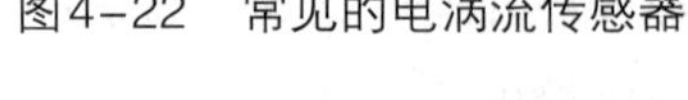

图4-22 常见的电涡流传感器

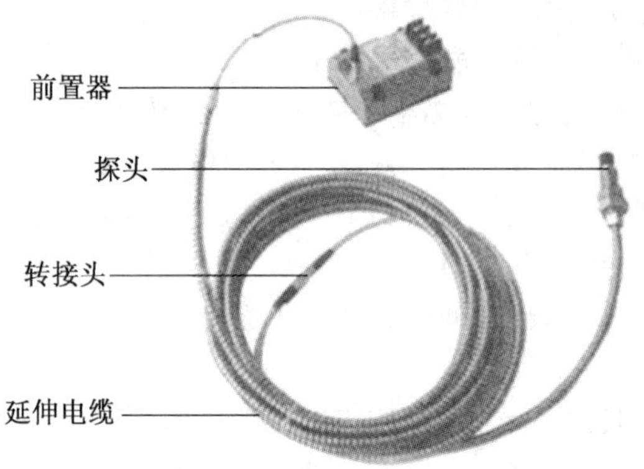

图4-23 电涡流传感器的组成示意图

二、电涡流传感器的工作原理

当通过金属导体中的磁通发生变化时，就会在导体中产生感应电流，这种电流在导体中是自行闭合的，这就是所谓的电涡流。电涡流的产生必然要消耗一部分能量，从而使产生磁场的线圈阻抗发生变化，这一物理现象称为电涡流效应，如图4-24所示。

高频（数MHz以上）电压U_1施加于传感器线圈，产生交变电流I_1，由于电流的周期性变化，在线圈周围产生一个交变磁场H_1。如果在这一交变磁场的有效范围内没有被测金属导体靠近，则这一磁场能量会全部损失；当有被测金属导体靠近这一磁场，则在此金属表面会产生感应电流，该电流在金属导体内是闭合的，称为电涡流。由于趋肤效应，高频磁场不能透过具有一定厚度的金属板，仅作用于其表面的薄层内。由电磁理论可知，金属板表面感应的电涡流I_2也将产生一个新的磁场H_2，H_2与H_1的方向相反。由于磁场H_2的反作用使通电线圈的等效阻抗Z发生了变化。这一变化与金属导体电阻率ρ、磁导率μ、激磁电流频率f以及线圈与金属导

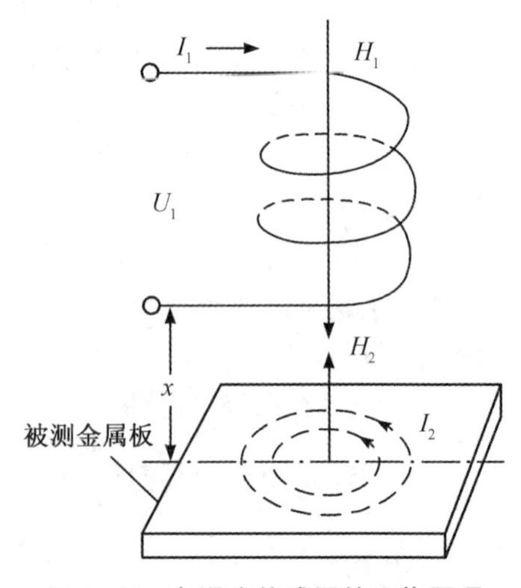

图4-24 电涡流传感器的工作原理

体的距离x等因素有关。

当改变其中的一个参数，保持其他参数不变，就能完成被测量至线圈阻抗Z的变换。当x为变量时，通过测量电路，可以将Z的变化转换为电压U的变化，从而做成位移、振幅、厚度、转速等传感器，也可做成接近开关、计数器等；若使ρ为变量，可以做成表面温度、电解质浓度、材质判别等传感器；若使μ为变量，从而可做成应力、硬度等传感器，还可以利用 μ、ρ、x变量的综合影响，做成综合性材料探伤装置，如电涡流导电仪、电涡流测厚仪、电涡流探伤仪等。

实际上当金属材料确定后，电涡流传感器在金属导体上产生的涡流，其渗透深度仅与传感器励磁电流的频率有关，频率越高，渗透深度越小。所以，电涡流传感器主要分为高频反射式和低频透射式两类，其基本工作原理是相似的，目前高频反射式电涡流传感器应用广泛。

三、电涡流传感器的测量电路

电涡流传感器一般接电桥或谐振两种电路。

1. 电桥电路，即电桥法是将传感器线圈的阻抗变化转化为电压或电流的变化。图4-25所示为电桥法原理，一般用于由两个线圈组成的差动电涡流传感器电路。

图4-25所示的线圈A和B为传感器，作为电桥的桥臂接入电路分别与电容C_1和C_2并联，电阻R_1和R_2组成电桥的另两个桥臂，由振荡器来的1MHz振荡信号作为电桥电源。

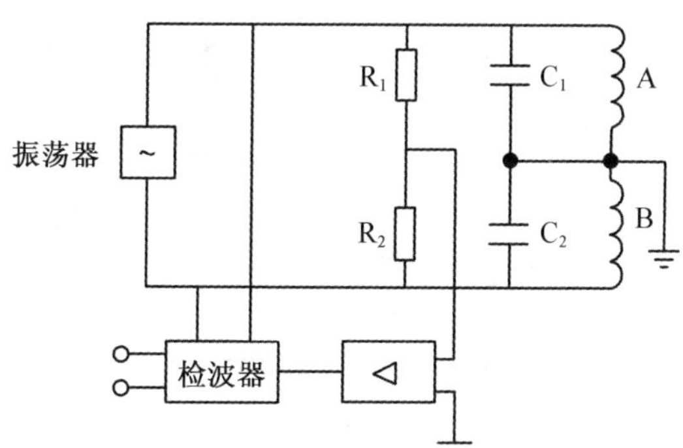

图4-25　电桥电路原理示意图

起始状态，电桥处于平衡。在进行测量时，由于传感器线圈的阻抗发生变化，使电桥失去平衡，将电桥不平衡造成的输出信号进行线性放大、相敏检波和低通滤波，就可得到与被测量成正比的直流电压输出。

2. 谐振电路，即谐振法是将传感器线圈等效电感的变化转换为电压或电流的变化。由传感器线圈L与电容C并联组成LC并联谐振回路，其谐振频率为：

$$f_0=\frac{1}{2\pi\sqrt{LC}} \tag{4-1}$$

式中　f_0—谐振频率（Hz）；

L—电感（H）；

C—电容（F）。

当电感L发生变化时，回路的等效阻抗和谐振频率都将随L的变化而变化，从而可以利用测量回路阻抗的方法或测量回路谐振频率的方法间接测出传感器的被测值。为此，谐振法又可分为调幅法和调频法两种基本测量电路。

（1）调幅法：调幅法测量原理如图4–26所示，由石英晶体振荡器提供高频激磁信号，因此其稳定性较高。LC回路的阻抗Z越大，回路的输出电压越大。

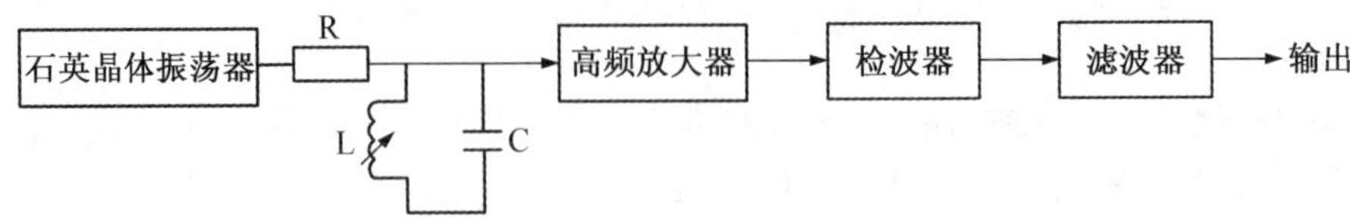

图4–26　调幅法测量原理方框图

（2）调频法：调频法测量原理如图4–27所示，由被测量变化引起传感器线圈电感的变化，而电感的变化导致振荡频率发生变化。因此，频率的变化间接地反映了被测量的变化。

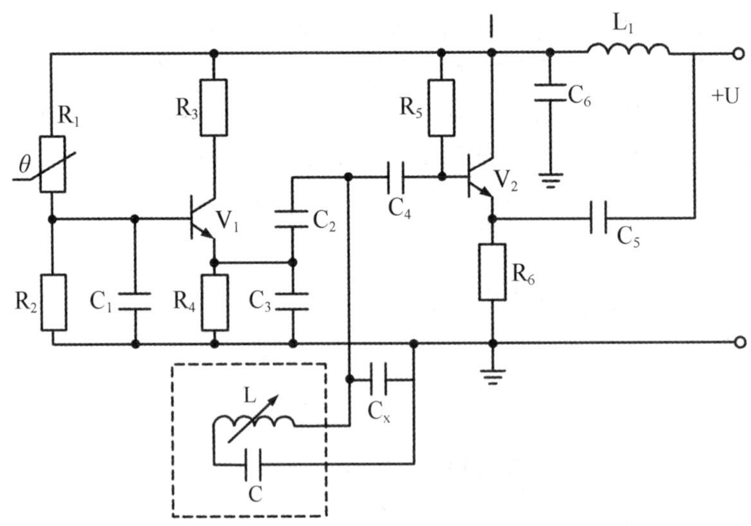

图4–27　调频法测量原理示意图

这里电涡流传感器的线圈是作为一个电感元件接入振荡器中的，它包括电容三点式振荡器和射极输出器两个部分。为了减小传感器输出电缆的分布电容C_x的影响，通常把传感器线圈L和调整电容C都封装在传感器中，这样电缆分布电容并联到电容C_2、C_3上，因而对谐振频率的影响可大大地减小。它结构简单，便于遥测和数字显示。

电涡流传感器由于结构简单，又可实现非接触测量，具有灵敏度高、抗干扰能力强、频率响应宽、体积小等优点，因此在工业测量中得到了越来越广泛的应用。

四、电涡流传感器的典型应用

电涡流传感器的特点是结构简单，易于进行非接触式的连续测量，灵敏度较高，适用性强。它的阻抗受诸多因素影响，如金属材料的厚度、尺寸、形状、电导率、磁导率、表面

因素、距离等。

只要固定其他因素就可以用电涡流传感器来测量剩下的一个因素，因此电涡流传感器的应用领域十分广泛。但同时也带来许多不确定因素，一个或几个因素的微小变化就足以影响测量结果，所以电涡流传感器多用于定性测量。即使要用作定量测量，也必须采用逐点标定、计算机线性纠正、温度补偿等措施。下面就几个主要的应用做简单的介绍：

（一）位移的测量

某些旋转机械，如高速旋转的汽轮机对轴向位移要求很高。当汽轮机运行时，叶片在高压蒸汽推动下高速旋转，它的主轴承受巨大的轴向推力，若主轴的位移超过规定值时，叶片有可能与其他部件碰撞而断裂。因此，用电涡流传感器测量各种金属工件的微小位移量就显得十分重要。轴向位移的监测如图4-28所示，利用电涡流探头可以测量诸如汽轮机主轴的轴向位移、电动机的轴向窜动、磨床换向阀和先导阀的位移以及金属试件的热膨胀系数等，位移测量范围可以从高灵敏度的0 ～ 1mm到大量程的0 ～ 30mm，分辨率可达满量程的0.1%。其缺点是线性度稍差，只能达到1%。

ZXWY型电涡流轴向位移监测保护装置可以在恶劣的环境（如高温、潮湿、剧烈振动等）下非接触测量和监视旋转机械的轴向位移。

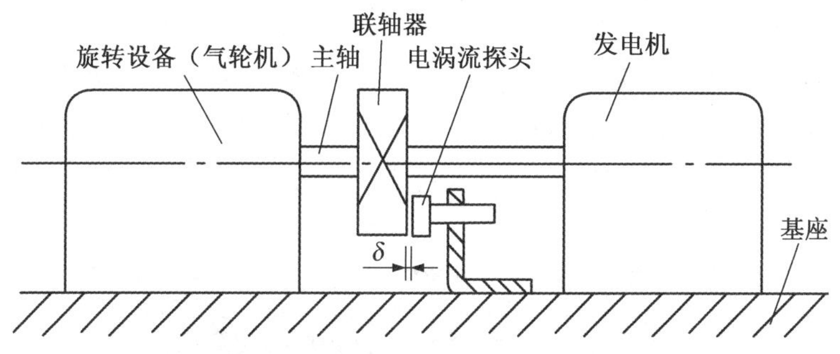

图4-28 轴向位移的监测示意图

在设备停止检修时，将探头安装在与联轴器端面的距离为2mm的基座上，调节二次仪表使示值为零。当汽轮机启动后，长期检测其轴向位移量，可以发现，由于轴向推力和轴承的磨损而使探头与联轴器端面的距离δ减小，二次仪表的输出电压由零开始增大。可调整二次仪表表面上的报警设定值，使位移达到危险值（本例中为0.9mm）时，二次仪表发出报警信号；当位移量达到1.2mm时，发出停机信号以避免发生事故。上述测量属于动态测量，参考以上原理还可以将此类仪器用于其他设备的监测。

（二）速度的测量

图4-29所示为电涡流转速传感器的工作原理。在软磁材料制成的输入轴上加工一个或多个键槽可做成齿状，在距输入表面d_0处安装一个电涡流传感器，输入轴与被测旋转轴相连。当被测旋转轴转动时，输入轴的距离发生$d_0+\Delta d$的变化。由于电涡流效应，这种变化将导致振荡谐振回路的品质因数变化，使传感器线圈的电感随Δd的变化也发生变化，它们将直接影响振荡器的电压幅值和振荡频率。因此，随着输入轴的旋转，从振荡

器输出的信号中包含与转速成正比的脉冲频率信号，该信号由检波器检出电压幅值的变化量，然后经整形电路输出脉冲频率信号f，可以用频率计指示输出频率，从而测出转轴的转速，其关系式为：

$$n = \frac{60f}{N} \tag{4-2}$$

式中　n——被测轴的转速（r/min）；

f——频率（Hz）；

N——轴上开的槽数。

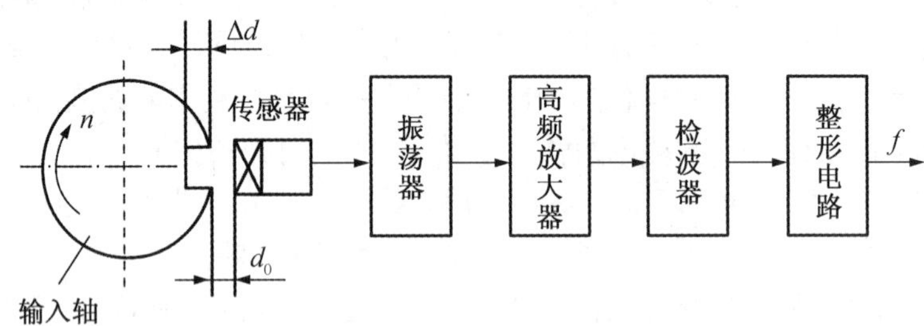

图4-29　电涡流转速传感器的工作原理方框图

（三）电涡流式通道安全检查门

我国于1981年开始使用图4-30所示的出/入口检测系统（通道安全检查门），可有效地探测出枪支、匕首等金属武器及其他大件金属物品。它广泛应用于机场、海关、钱币厂、监狱等重要场所。

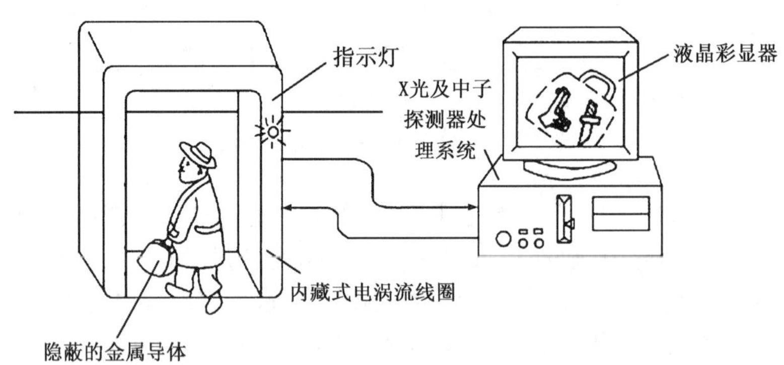

图4-30　电涡流式通道安全检查门简图

电涡流式通道安全检查门的原理如图4-31所示。L_{11}、L_{12}为发射线圈，均用环氧树脂浇灌、密封在门框内。10kHz音频信号通过L_{11}、L_{12}在线圈周围产生同频率的交变磁场。L_{21}、L_{22}实际上分成6个扁平线圈，分布在门两侧的上、中、下部位，形成6个探测区。因为L_{11}、L_{12}与L_{21}、L_{22}互相垂直，呈电气正交状态，无磁路交链，U_o=0。在有金属物体通过L_{11}、L_{12}形成的交变磁场H_1时，交变磁场会在该金属导体表面产生电涡流。电涡流也将产生一个新的微弱磁场H_2。H_2的相位与金属导体位置、大小等有关，但与L_{21}、L_{22}不再正交，因此可以在L_{21}、L_{22}中感应出电压。计算机根据感应出电压的大小、相位来判定金属物体的大小。由于个人携带的日常用品，如皮带扣、钥匙串、眼镜架、戒指，甚至断腿中的钢钉等也会引起误报警，因此计算机还要进行复杂的逻辑判断，才能获得既灵敏又可靠、准确的效果。目前多在安检门的侧面安装一台“软X光”扫描仪，当发现疑点时，可启动对人体、胶卷无害的低能量狭窄扇面X射线进行断面扫描。用软件处理的方法，合成完整的光学图像。

在更严格的安检中，还在安检门的侧面安置能量微弱的中子发射管，对可疑对象开启该装置，让中子穿过密封的行李包，利用质谱仪来计算出行李物品的含氮量，以及碳、氢的精确比例，从而判定是否为爆炸品（氮含量较大）。计算其他化学元素的比例，还可以确认毒品和其他物质。

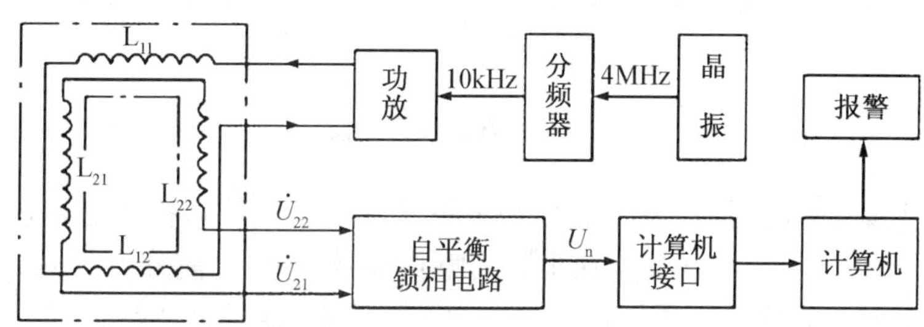

图4-31　电涡流式通道安全检查门原理方框图

4.4　红外光传感器

红外技术是在最近几十年中发展起来的一门新兴技术。它已在科技、国防和工农业生产等领域获得了广泛的应用。红外光传感器按其应用可分为以下几方面：①红外辐射计，用于辐射和光谱辐射测量；②搜索和跟踪系统，用于搜索和跟踪红外目标，确定其空间位置并对其运动进行跟踪；③热成像系统，可产生整个目标红外辐射的分布图像，如红外图像仪、多光谱扫描仪等；④红外测距和通信系统，以红外线为介质，计算物体的距离并传递信息；⑤混合系统，指由以上各类系统中的两个或多个组合。

一、红外辐射基础

红外辐射俗称红外线，它是一种不可见光，由于是位于可见光中红色光以外的光线，故称红外线。它的波长范围大致为0.76 ～ 1 000μm，红外线在电磁波谱中的位置如图4-32所示。工程上又把红外线所占据的波段分为四部分，即近红外、中红外、远红外和极远红外。

红外辐射的物理本质是热辐射。一个炽热物体向外辐射的能量大部分是通过红外线辐射出来的。物体的温度越高，辐射出来的红外线越多，辐射的能量就越强。而且，红外线被物体吸收，可以显著地转变为热能。

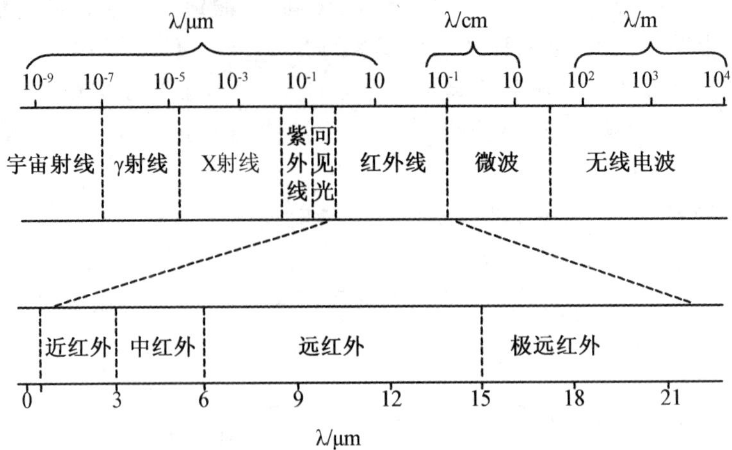

图4-32　电磁波谱示意图

红外辐射和所有电磁波一样，是以波的形式在空间直线传播的。它在大气中传播时，大气层对不同波长的红外线存在不同的吸收带，红外线气体分析器就是利用该特性工作的。空气中对称的双原子气体，如N_2、O_2、H_2等不吸收红外线，而红外线在通过大气层时，有三个波段透过率高，在2～2.6 μm、3～5 μm和8～14 μm，统称为“大气窗口”。这三个波段对红外探测技术特别重要，因此红外探测器一般都工作在这三个波段（大气窗口）之内。

二、红外光传感器的概念及种类

红外光传感器按工作原理可以分为光量子型和热电型两大类，光量子型可直接把红外光能转换成电能，如对红外线敏感的光敏电阻和PN结型光生伏特效应器件，它们能在低室温下工作，灵敏度很高，响应速度快，但红外光的波长相应范围窄，可用于遥感成像等方面。热电型吸收红外光后变为热能，使材料的温度升高，电学性质发生变化，人们利用这个现象制成了测量光辐射的器件，这类器件中应用最广泛的就是红外光敏热释电效应器件，有较宽的红外波长相应范围，且价格便宜，所以倍受重视，发展很快，这里主要介绍热释电传感器。

（一）热释电效应及器件

由物理光学可知，光照射到材料上后一部分被吸收，且光强随着透入材料的深度呈指数衰减，距表面x处的光强表示为：

$$\Phi(x)=\Phi_0 e^{-ax} \tag{4-3}$$

式中　a——吸收系数，也称为相对衰减梯度，它与材料和光的波长有关；

Φ_0——照射到材料表面的光强。

一些陶瓷材料具有自发极化（如铁电晶体）的特征，且其自发极化的大小在温度有稍许变化时有很大的变化。

在温度长时间恒定时，由自发极化产生的表面极化电荷数目一定，它吸附空气中的电荷达到平衡，并与吸附的存在于空气中的符号相反的电荷产生中和；若温度因吸收红外线而升高，则极化强度会减小，使单位面积上极化电荷相应减少，释放一定量的吸附电荷；若与一个电阻连成回路（图4-33）会形成电流I_S，则电阻上会产生一定的压降（ΔU），这种因温度变化引起自发极化值变化的现象称为热释电效应。图4-33所示为热释电效应原理示意图。

图4-34所示为热释电传感器的结构和等效电路。

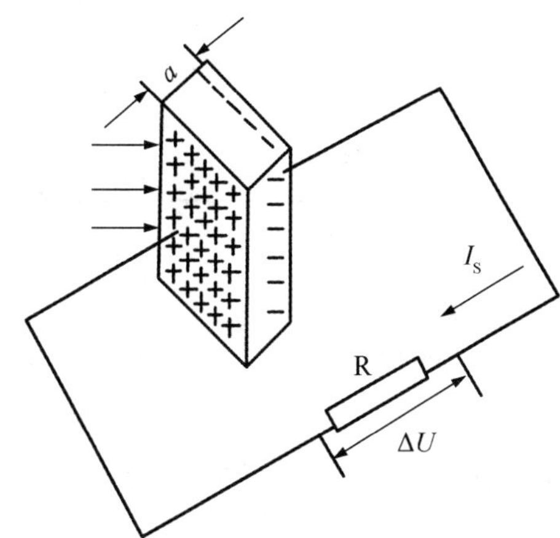

图4-33　热释电效应原理示意图

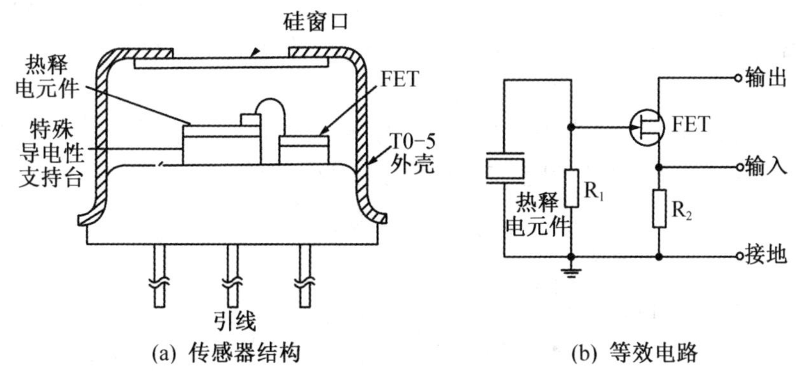

图4-34　热释电传感器的结构和等效电路

（二）双元型红外传感器

双元型红外传感器是一种新型热释电传感器，专门用来检测人体辐射的红外线能量，目前已广泛应用于国际安全防御系统、自动控制、告警系统等。

目前，市场上常见的热释电传感器有国产的SD02、PH5324，日本的SCA02-1，美国的P2288等，大多数可以互换。双元型敏感单元的内部结构如图4-35所示，SD02热释电传感器由敏感单元、场效应管、高阻抗变换管、滤光窗等组成，并在氦气环境下封装而成。

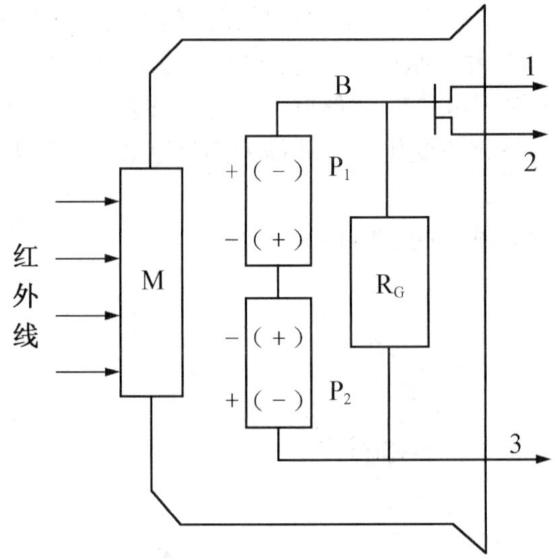

图4-35　双元型敏感单元的内部结构方框图

三、红外光传感器的应用

（一）红外测温仪

红外测温仪是利用热辐射在红外波段的辐射通量来测量温度的。当物体的温度低于1 000℃时，它向外辐射的不再是可见光而是红外光了，可用红外探测器检测温度。如果采用分离出所需波段的滤光片，可使红外测温仪工作在任意红外波段。

图4-36所示为目前常见的红外测温仪方框图。它是一个包括光、机、电的一体化红外测温系统，图中的光学系统是一个固定焦距的透射系统，滤光片一般采用只允许8～14 μm的红外辐射能通过的材料。步进电机带动调制盘转动，将被测的红外辐射调制成

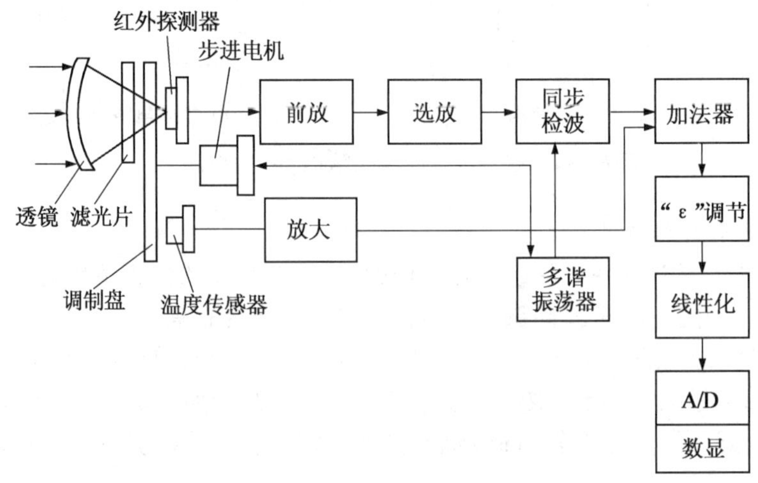

图4-36　红外测温仪方框图

交变的红外辐射线。红外探测器一般为（钽酸锂）热释电探测器，透镜的焦点落在其光敏面上。被测目标的红外辐射通过透镜聚焦到红外探测器上，红外探测器将红外辐射变换为电信号输出。

红外测温仪电路比较复杂，包括前置放大、选频放大、温度补偿、线性化、发射率（ ε ）调节等。目前已有一种带单片机的智能红外测温仪，利用单片机与软件功能大大简化了硬件电路，提高了仪表的稳定性、可靠性和准确性。

红外测温仪的光学系统可以是透射式，也可以是反射式。反射式光学系统多采用凹面玻璃作为反射镜，并在反射镜的表面镀金、铝、镍或铬等对红外辐射反射率很高的金属材料。

（二）红外线气体分析仪

红外线气体分析仪是根据气体对红外线具有选择性吸收的特性来对气体成分进行分析的。不同气体的吸收波段（吸收带）不同，图4-37所示给出了几种气体对红外线的透射光谱，从图中可以看出，CO气体对波长为4.65 μm附近的红外线具有很强的吸收能力，CO_2气体则在2.78 μm和4.26 μm附近以及波长大于13 μm的范围对红外线有较强的吸收能力。

如果分析CO气体，则可以利用4.65 μm附近的吸收波段来进行分析。

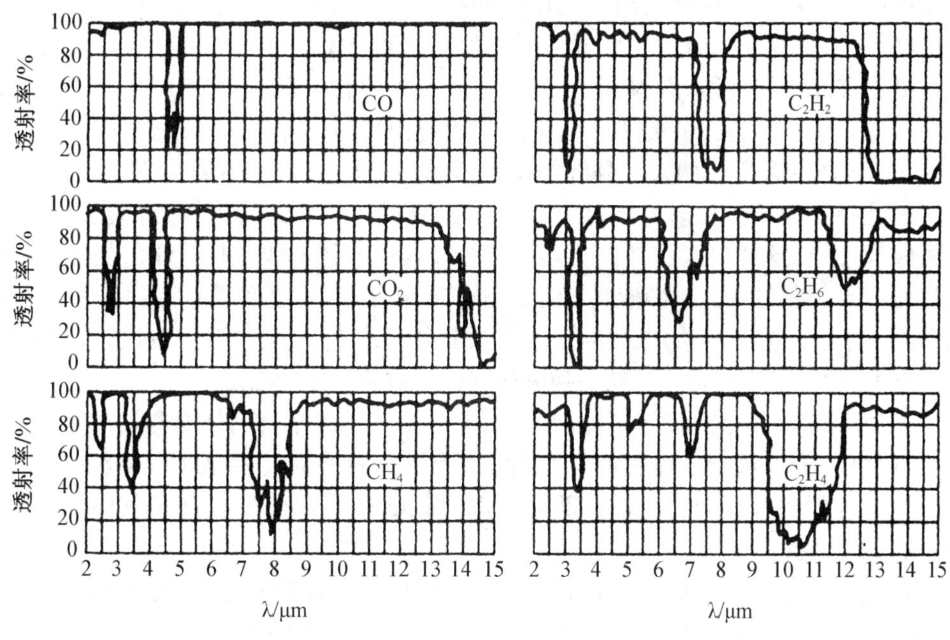

图4-37　几种气体对红外线的透射光谱

图4-38所示为工业用红外线气体分析仪的结构原理图，它由红外线辐射光源、气室、红外探测器及电路等部分组成。

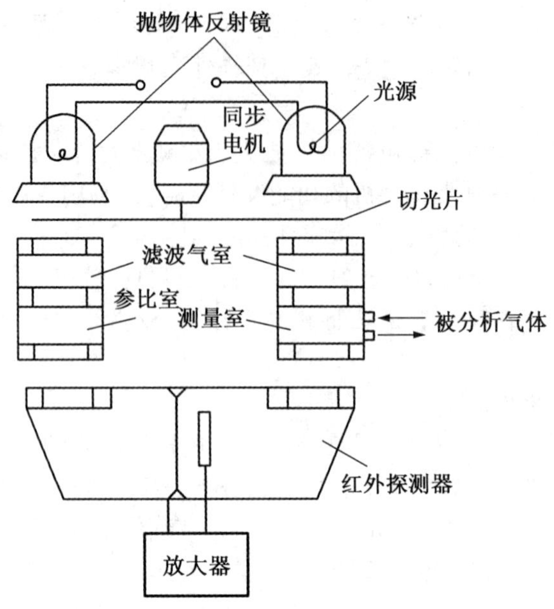

图4-38　工业用红外线气体分析仪结构原理示意图

光源由镍铬丝通电加热发出3～10 μm的红外线，切光片将连续的红外线调制成脉冲状的红外线，以便于红外线探测器信号的检测。测量室中通入被分析气体，参比室中封入不吸收红外线的气体（如N_2等）。红外探测器为薄膜电容型，它有两个吸收气室，充以被测气体，当它吸收了红外辐射能量后，气体温度升高，导致室内压力增大。测量时（如分析CO气体的含量），两束红外线经反射、切光后射入测量室和参比室。由于测量室中含有一定量的CO气体，该气体对4.65 μm的红外线有较强的吸收能力，而参比室中气体不吸收红外线，这样射入红外探测器的两个吸收室的红外线光具有能量差异，使两吸收室压力不同，测量边的压力减小，于是薄膜偏向定片方向，改变了薄膜电容两电极间的距离，也就改变了电容C。如果被测气体的浓度愈大，两束光强的差值也愈大，则电容的变化也愈大，因此电容变化量反映了被分析气体中被测气体的浓度。

图4-38所示结构中还设置了滤波气室，它是为了消除干扰气体对测量结果的影响。所谓干扰气体，指与被测气体吸收红外线波段有部分重叠的气体，如CO气体和CO_2气体在4～5 μm波段内红外吸收光谱有部分重叠，则CO_2的存在会给分析CO气体带来影响，这种影响称为干扰。

为此，在测量边和参比边各设置了一个封有干扰的滤波气室，它能将CO_2气体带尖的红外线吸收波段的能量全部吸收，因此左右两边吸收气室的红外线能量之差只与被测气体（如CO）的浓度有关。

思考与练习

一、填空题

1. 光电管由一个________和一个________封装在一个________内组成。

2. 物体受到光照以后，物体内部的原子释放出电子，这些电子仍留在物体内部，使物体的________或产生________的现象称为________。

3. 入射光强改变________的物理现象称为光电导效应。

4. 光敏电阻的工作原理是基于________，________极性，是个________电阻。使用时可以加________电压，亦可加________电压。

5. 光电池是基于________效应，将________能量转换成________和________。

6. 红外光传感器是利用_____实现相关物理量测量的一种传感器。

7. 按照光纤在传感器中的作用，光纤传感器分为________和 ________两种类型。

8. 电涡流传感器一般接________或________两种电路。

9. 红外测温仪是利用热辐射在________的辐射通量来测量温度的。

10. 根据工业用红外线气体分析仪的结构原理图，它由________、________、________及电路等部分组成。

二、选择题

1. 下列光电器件是根据外光电效应做出的是（　　）。

A. 光电管　　B. 光电池　　C. 光敏电阻　　D. 光敏二极管

2. 下列光电器件是基于光导效应的是（　　）。

A. 光电管　　B. 光电池　　C. 光敏电阻　　D. 光敏二极管

3. 光敏电阻的特性是（　　）。

A. 有光照时亮电阻很大　　B. 无光照时暗电阻很小

C. 无光照时暗电流很大　　D. 受一定波长范围的光照时亮电流很大

4. 基于光生伏特效应工作的光电器件是（　　）。

A. 光电管　　B. 光敏电阻　　C. 光电池　　D. 光电倍增管

5. 光纤传感器一般由三部分组成，除光纤之外，还必须有光源和（　　）两个重要部件。

A. 反光镜　　B. 透镜　　C. 光栅　　D. 光电探测器

6. 按照调制方式分类，光调制可以分为强度调制、相位调制、频率调制、波长调制以及（　　）等，所有这些调制过程都可以归结为将一个携带信息的信号叠加到载波光波上。

A. 偏振调制　　B. 共振调制　　C. 角度调制　　D. 振幅调制

7. 电涡流接近开关可以利用电涡流原理检测出（　　）的靠近程度。

A. 人体　　B. 水　　C. 黑色金属零件　D. 塑料零件

8. 对于工业上用的红外线气体分析仪，下面说法正确的是（　　）。

A. 参比气室内装被分析气体　　　B. 参比气室中的气体不吸收红外线

C. 测量气室内装N_2　　　D. 红外探测器工作在“大气窗口”之外

三、判断题

1. 光敏二极管的线性特性较差，而光敏三极管有很好的线性特性。（　）

2. 红外辐射的本质是微波辐射。（　）

3. 光敏电阻的特性是无光照时电阻很大。（　）

4. 数字量光电传感器是把被测量转换成断续变化的光电流，输出信号只有两种状态，即“通”与“断”的开关状态。（　）

5. 功能型光纤传感器中的光纤不仅起传光的作用，同时光纤自身还作为敏感元件感受被测量的变化。（　）

6. 红外辐射俗称红外线，它是一种可见光，由于是位于可见光中红色光以外的光线，故称红外线。（　）

四、简答题

1. 光电效应通常分为哪几类？简要叙述之。与之对应的光电器件有哪些？

2. 简述光敏二极管和光敏三极管的结构特点、工作原理。

3. 光在光纤中是怎么传输的？

4. 什么是红外辐射？

项目五　工业机器人外部传感器——视觉传感器

人类从外界获得的信息，80%是由眼睛得到的。人类视觉细胞的数量是听觉细胞的3 000倍，是皮肤感觉细胞的100多倍，如果要赋予机器人较高级的智能，机器人必须通过视觉系统更多地获取周围世界的信息。对于机器人来说，视觉传感器无疑是最重要的传感器。机器人工作时通过视觉传感器对环境物体获取视觉信息，让机器人识别物体来进行各种工作。

本项目主要学习机器视觉的发展历史、硬件系统的组成、工业机器人视觉的应用领域及应用实例

5.1 视觉传感器概述

用于工业机器人的视觉传感器也称为机器视觉。美国制造工程师协会机器视觉分会和美国机器人工业协会的自动化视觉分会对机器视觉下的定义为："机器视觉是通过光学装置和非接触的传感器自动地接受和处理一个真实物体的图像，通过分析图像获得所需信息或用于控制机器运动的装置。"机器视觉是计算机学科的一个重要分支，它综合了光学、机械、电子、计算机软硬件等方面的技术，涉及到计算机、图像处理、模式识别、人工智能、信号处理、光机电一体化等多个领域。图像处理和模式识别等技术的快速发展，也大大地推动了机器视觉的发展。

一、视觉传感器的发展历史

1. 模式识别：起源于20世纪50年代的机器视觉，早期研究主要是从统计模式识别开始，工作主要集中在二维图像的分析与识别上，如光学字符识别OCR、工件表面图片分析、显微图片和航空图片分析与解释。

2. 积木世界：20世界60年代的研究前沿是以理解三维场景为目的的三维机器视觉。1965年，Roberts从数字图像中提取出诸如立方体、楔形体、棱柱体等多面体的三维结构，并对物体形状及物体的空间关系进行描述。他的研究工作开创了以理解三维场景为目的的三维机器视觉的研究。

3. 起步发展：1977年，David Marr教授在麻省理工学院的人工智能实验室领导了一个以博士生为主体的研究小组，于1977年提出了不同于"积木世界"分析方法的计算视觉理论，该理论在80年代成为机器视觉领域中的一个十分重要的理论框架。

4. 蓬勃发展：20世纪80年代到20世纪90年代中期，机器视觉获得蓬勃的发展，新概念、新方法、新理论不断涌现。

在我国，机器视觉技术的应用开始于20世纪90年代，但在各行业的应用几乎一片空白。到21世纪，机器视觉技术开始在自动化行业成熟应用，如华中科技大学在印刷在线检测设备与浮法玻璃缺陷在线检测设备上研发的成功，打破了欧美在该行业的垄断地位。国内机器视觉技术已经日益成熟，真正高端的应用也正在逐步发展。

二、典型工业机器视觉系统

典型工业机器视觉系统一般包括光源、光学成像系统、图像捕捉系统、图像采集与数字化、智能图像处理与决策、控制执行模块等，如图5-1所示。

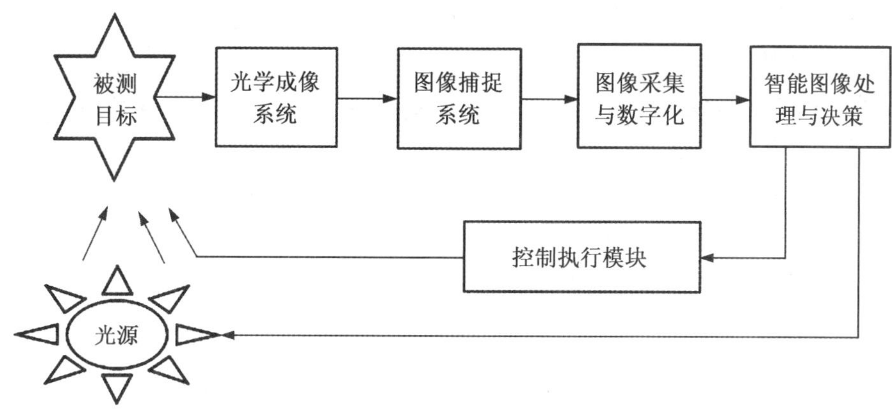

图5-1　典型工业机器视觉系统方框图

1. 光源。照明系统是机器视觉系统最为关键的部分之一，直接关系到系统的成败。但是目前尚没有一个通用的机器视觉照明系统，因此针对每个特定的案例，要设计合适的照明装置，以达到最佳效果。好的光源通常具有以下特点：尽可能突出物体的特征量，在物体需要检测的部分与那些不重要部分之间尽可能产生明显的区别，增加对比度；保证足够的整体亮度和稳定性；物体位置的变化不应该影响成像的质量。在机器视觉应用系统中一般使用透射光和反射光。光源设备的选择必须符合所需的几何形状。同时，照明亮度、均匀度、发光的光谱特性都要符合实际的要求，而且还要考虑光源的发光效率和使用寿命。表5-1列出了各种主要光源的相关特性。

表5-1　各种主要光源的相关特性

光源	颜色	寿命（h）	发光亮度	特点
氙灯	白色，偏蓝	3 000~7 000	亮	发热多，持续光
卤素灯	白色，偏黄	5 000~7 000	很亮	发热多，较便宜
荧光灯	白色，偏绿	5 000~7 000	亮	较便宜
LED灯	红、黄、绿、白、蓝	60 000~100 000	较亮	发热少，固态，能做成很多形状
点致发光管	由发光频率决定	5 000~7 000	较亮	发热少，较便宜

由表5-1可以看出，LED（发光二极管）光源因其显色性好、光谱范围宽，能覆盖可见光的整个范围，且发光强度高，稳定时间长，近年来随着LED制造工艺和技术的不断发展成熟，价格逐步降低，其在机器视觉领域得到了越来越广泛的应用。

2. 光学镜头。光学镜头是机器视觉系统中必不可少的部件，直接影响成像质量的优劣，影响算法的实现和效果。光学镜头一般称为摄像头或摄影镜头，简称镜头。其功能就是光学成像。根据被测目标的状态应优先选用定焦镜头。镜头的选择应注意焦距、目标高度、影像高度、放大倍数、影像至目标的距离、中心点等。当然，镜头与摄像机的安装接口也是应考虑的一个重要因素。

3. CCD摄像机及图像采集卡。CCD摄像机及图像采集卡共同完成对目标图像的采集与数字化。CCD摄像机由于其具有灵敏度高、抗强光、畸变小、体积小、寿命长、抗震动等优点而得到了广泛的使用。CCD摄像机按照其使用的CCD器件可以分为线阵式和面阵式两大类。线阵式CCD摄像机主要用于检测条状、筒状产品。目前在机器视觉系统中，以面阵式CCD摄像机的应用居多。

图像采集卡又称为图像卡，它将摄像机的图像视频信号传送到计算机的内存，供计算机处理、存储、显示和传输等使用。其主要模块组成及功能如下：①A/D转换模块，将图像信号放大和数字化；②相机控制模块，负责提供相机的设置及实现异步重置拍照、定时拍照；③PCI总线接口及控制模块，主要通过PCI总线完成数字图像数据的传输，且总线控制器应用了burst模式，使传输速率可达到132Mbytes/s；④显示模块，负责高质量的图像实时显示；⑤数字输入/输出模块，本模块允许图像采集卡通过TTL信号与外部装置进行通信，用于控制和响应外部事件。

4. 图像信号处理技术。图像信号的处理是机器视觉系统的核心。视觉信息的处理技术主要依赖于图像处理方法，它包括图像变换、数据编码压缩、图像增强复原、平滑、边缘锐化、分割、特征抽取、图像识别与理解等内容。随着计算机技术、微电子技术以及大规模集成电路的发展，为了提高系统的实时性，图像处理的很多工作都可以借助硬件完成，如DSP芯片、专用图像信号处理卡等；软件主要完成算法中非常复杂、不太成熟或尚需不断探索和改进的部分。图像信号的处理在时间上，要求处理速度必须大于等于采集速度，才能保证目标图像无遗漏，以完成实时处理任务。

5. 执行机构。机器视觉系统最终功能的实现还需执行机构来完成，不同的应用场合，执行机构可能不同。比如机电系统、液压系统、气动系统，无论哪一种，除了要严格保证其加工制造和装配的精度外，在设计时还应对动态特性，尤其是快速性和稳定性给予充分重视。

三、视觉传感器的应用

由于一个视觉传感器具有从一整幅图像捕获光线的数百万像素的能力，现在可以用一个视觉传感器来检验多项特征，且具有检验面积大、目标位置准、方向灵敏度高等特点，因此视觉传感器应用十分广泛。

（一）在工业自动化生产线上应用

表5-2为视觉传感器在工业自动化生产线中应用一览表。据统计，目前有近80%的工业视觉系统主要用在检测方面，包括用于提高生产效率、控制生产过程中的产品质量、采集产品数据等。工业机器人视觉自动化设备可以代替人工不知疲倦地重复工作，且在一些危险工作环境下可代替人工视觉。

表5-2 视觉传感器在工业自动化生产线中应用一览表

应用领域	功能	图例
识别	检测一维码、二维码，光学字符识别与确认	
检测	色彩和瑕疵检测，部件有无检测，目标位置和方向检测	
测量	尺寸和容量检测，预设标记的测量，如孔位到孔位的距离	
引导	弧焊跟踪	
三维扫描	3D成型	

（二）图像自动理解应用

对放射图像、显微图像、医学图像、遥感多波段图像、合成孔径雷达图像、航天航测图像等进行自动判读理解。由于近年来技术的发展，图像的种类和数量飞速增长，图像的自动理解已成为解决信息膨胀问题的重要手段。

（三）军事应用

军事领域是对新技术最渴望、最敏感的领域，对于机器视觉同样也不例外。最早的视觉和图像分析系统就是用于侦察图像的处理分析和武器制导。机器视觉广泛应用于航空着陆姿势、起飞状态；弹道/火箭喷射、子弹出膛、火炮发射；爆破分析炮弹爆炸、破片分析、爆炸防御；撞击、分离以及各种武器性能测试分析，以及点火装置工作过程等。

对于人的视觉来说，由于人的大脑和神经的高度发展，其目标识别能力很强。但是人的视觉也同样存在障碍。例如，即使具有敏锐视觉和高度发达头脑的人，一旦置身于某种特殊环境（即使曾经具备一定的先验知识），其目标识别能力也会急剧下降。将人的视觉引入机器视觉中，机器视觉也存在这样的障碍。它主要表现在三个方面：一是如何准确、高速（实时）地识别出目标；二是如何有效地增大存储容量，以便容纳下足够细节的目标图像；三是如何有效地构造和组织出可靠的识别算法，并顺利地实现。前两者相当于人的大脑这样的物质基础，这期待着高速的阵列处理单元，以及算法（如神经网络、分维算法、小波变换等算法）的新突破，用极少的计算量及高度的并行性实现其功能。

另外，由于当前对人类视觉系统和机理、人脑心理和生理的研究还不够，目前人们所建立的各种视觉系统绝大多数只是适用于某一特定环境或应用场合的专用系统，而要建立一个可与人类的视觉系统相比拟的通用视觉系统是非常困难的。正因为如此，赋予机器以人类视觉功能是几十年来人们不懈追求和奋斗的目标。

5.2 PSD传感器

PSD（Position Sensitive Detector）是位置敏感探测器的简称，是一种光电测距器件。它除了具有光电二极管阵列和CCD的定位性外，还具有灵敏度高、分辨率高、响应速度快及信号采集处理等多功能集成。PSD基于非均匀半导体“横向光电效应”，达到器件对入射光或粒子位置敏感。PSD由四部分组成：PSD传感器、电子处理元件、半导体激光源、支架（固定PSD传感器与激光光源的相对位置）。PSD的主要特点是位置分辨率高、响应速度快、光谱响应范围宽、可靠性高、处理电路简单、光敏面内无盲区，可同时检测位置的光强，测量结果与光斑尺寸和形状无关。由于其具有特有的性能，因而能获得目标位置连续变化的信号，在位置 、位移、距离、角度及其相关量的检测中获得越来越广泛的应用。

一、基本原理

PSD是一种基于非均匀半导体横向光电效应的、对入射光或粒子位置敏感的光电器件。PSD的光敏面能将光点位置转化为电信号，当一束光射到PSD的光敏面上时，在同一面上的不同电极之间将会有电流流过，这种电压或电流随着光点位置的变化现象是半导体的横向光电效应，因此利用PSD的PN结上的横向光电效应可以检测入射光点的照射位置。它不像传统的硅光电探测器那样，只能在光电转换、光电耦合、光接收和光强测量等方面应用，而能直接用来测量位置、距离、高度、角度和运动轨迹。

它的PN结结构、工作状态、光电转换原理等与普通光敏二极管类似，但它的工作原理与普通光敏二极管完全不同。普通光敏二极管是基于PN结或肖特基结的纵向光电效应，而PSD是基于PN结或肖特基结的横向光电效应，事实上是纵向光电效应和横向光电效应的综合。普通光敏二极管通过光电流的大小反应入射光的强弱，是光电转换器件和控制器件，而位置敏感探测器（PSD）不仅是光电转换器件，更重要的是光电流分配

器件，通过合理设置分流层和收集电流的电极，根据各电极上收集到的电流信号的比例确定入射光的位置。从这个意义上说，PSD是普通光敏二极管进一步细化的产品。基于PIN二极管型的PSD相当于在PN结构的P层与N层之间插入高阻本征层（Ⅰ层），当加不太大的反偏电压时Ⅰ层就已全部耗尽，于是势垒宽度大大增加。而在势垒区内有接近Ⅰ的量子效率和饱和载流子运动，且势垒区宽度可减小势垒电容。因此，Ⅰ层的引入可以显著地缩短器件的响应时间。

PSD可分为一维PSD和二维PSD，一维PSD可以测定光点的一维位置坐标，二维PSD可测定光点的平面位置坐标。

二、结构与测量原理

PSD传感器一般采用PIN结构，PIN二极管由三层半导体组成，即由高浓度的P区、高浓度的N区以及在二者之间的高阻本征I区组成。对于一维PSD装置，当入射光落在PSD光敏面时，不同位置的光点会导致PSD输出不同的电信号，通过对输出信号的处理，我们可以计算出入射光“重心”位置，其结构示意图如图5-2所示。

一维PSD装置的总长度是L，光电流I_0入射位置距A极为X，则距B极为$L-X$，A极流出电流为I_1，B极流出电流为I_2，而I_1和I_2的分流关系则取决于入射光点到两个输出电极间的等效电阻R_1、R_2，假设PSD表面分流层的电流阻挡是均匀的，显然电阻R_1、R_2正比于光点到两个输出电极间的距离。

$$I_1+I_2=I_0 \tag{5-1}$$

$$\frac{I_1}{I_2}=\frac{R_2}{R_1}=\frac{L-X}{X} \tag{5-2}$$

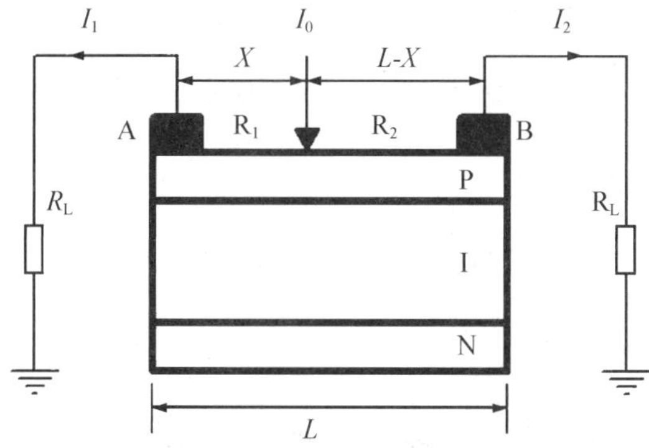

图5-2　一维PSD结构示意图

从以上公式可见，入射光的强度与尺寸大小对一维PSD输出的位置信号无影响，其输出位置只与入射光的“重心”有关。由于PSD为分割型元件，对入射光斑的形状无严格要求，光敏面上没有明确的象限分隔线，可以对光斑所在的位置进行连续的测量，获得动态坐标信号，这在工程应用中具有很大优势。

对于二维PSD，通过其四个电极上输出的电流进行一定的数据处理，可以求解出入射光点在PSD光敏面上的位置信息，其结构示意图如图5-3所示。由于半导体产生的电流信号微弱且不便于采集，所以一般PSD都配有相应的放大、电流-电压转换电路，最后输出电压信号。

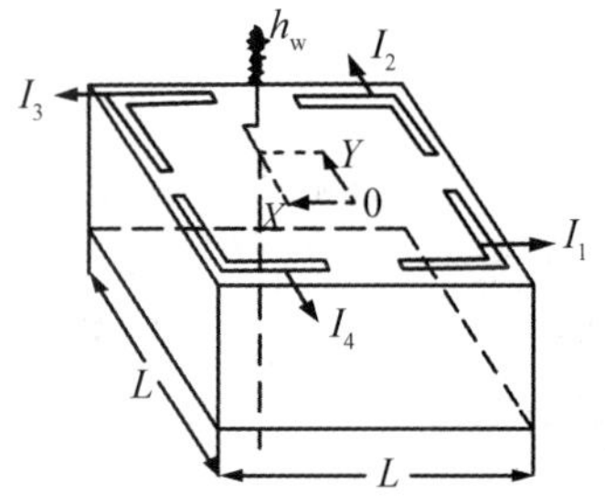

图5-3　二维PSD结构示意图

如图5-4所示，图中U_1、U_2、U_3、U_4为低漂移前置运算放大器，对I_1、I_2、I_3和I_4电信号进行放大；U_5、U_6、U_7、U_8为集成运算加法器，分别输出I_1+I_2，I_3+I_4，I_2+I_3，I_1+I_4；U_9、U_{11}为集成运算减法器，分别输出$(I_1+I_2)-(I_3+I_4)$和$(I_1+I_4)-(I_2+I_3)$；U_{10}为集成运算加法器，输出为$I_1+I_2+I_3+I_4$之和；U_{12}和U_{13}为集成运算除法器，分别输出：

$$X=\frac{(I_1+I_2)-(I_3+I_4)}{I_1+I_2+I_3+I_4} \tag{5-3}$$

$$Y=\frac{(I_1+I_4)-(I_2+I_3)}{I_1+I_2+I_3+I_4} \tag{5-4}$$

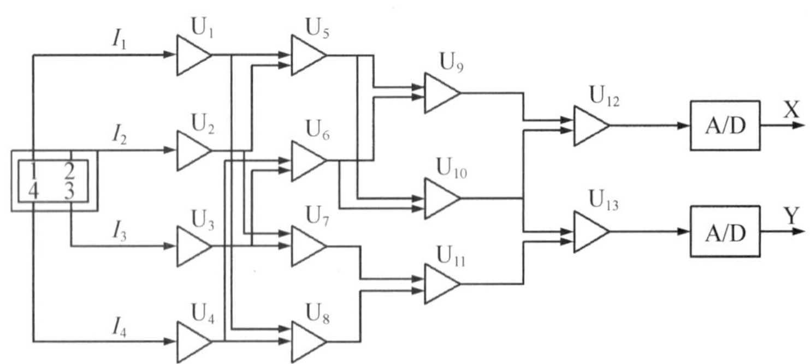

图5-4　二维PSD传感测试信号处理方框图

三、常用PSD传感器

一维PSD常用型号及参数见表5-3，其外形如图5-5所示。

表5-3　一维PSD常用型号及参数

型 号	有效光敏面	分辨率	光谱响应范围	响应时间	工作温度
PSD-1315	1.3mm×15mm	0.1μm	380～1 100nm	0.8μs	−10～60℃
PSD-0220	2.0mm×20mm	1μm	380～1 100nm	1μs	−10～60℃
PSD-2534	2.5mm×34mm	1μm	380～1 100nm	5μs	−10～60℃

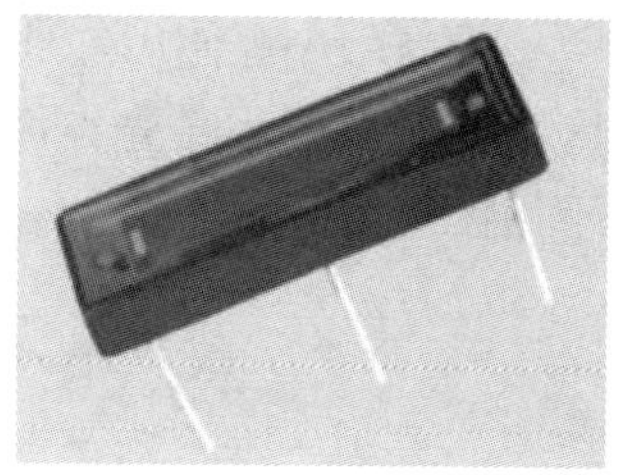

图5-5　一维PSD传感器外形图

二维PSD常用型号及参数见表5-4，其外形如图5-6所示。

表5-4　二维PSD常用型号及参数

型 号	有效光敏面	分辨率	光谱响应范围	响应时间	工作温度
PSD-1010	10mm×10mm	1μm	380～1 100nm	0.8μs	−10～60℃
PSD-1515	15mm×15mm	1μm	380～1 100nm	0.8μs	−10～60℃
PSD-2121	21mm×21mm	2μm	380～1 100nm	1μs	−10～60℃
PSD-2727	27mm×27mm	2μm	380～1 100nm	2μs	−10～60℃
PSD-4343	43mm×43mm	5μm	380～1 100nm	5μs	−10～60℃
PSD-6060	60mm× 60mm	8μm	380～1 100nm	5μs	−10～60℃

图5-6　二维PSD传感器外形图

四、PSD传感器应用

PSD可作为距离传感器，用一维 PSD作为距离传感器检测距离时可利用三角测距的原理，如图5-7所示，设测距范围为L_2（mm）到L_1（mm），投光透镜与聚光透镜的光轴间距离为B（mm），聚光透镜与PSD光敏面间距离为f（mm），则有：

$$X_1 = \frac{Bf}{L_1} \qquad (5\text{-}5)$$

$$X_2 = \frac{Bf}{L_2} \qquad (5\text{-}6)$$

投光用光源使用红外LED，脉冲式发光，为了得到强光量，投光透镜也要使用能量密度高而能得到小径光点像的透镜。如果光源有足够尖锐的指向性，如在±2°左右，也可不用投光透镜。

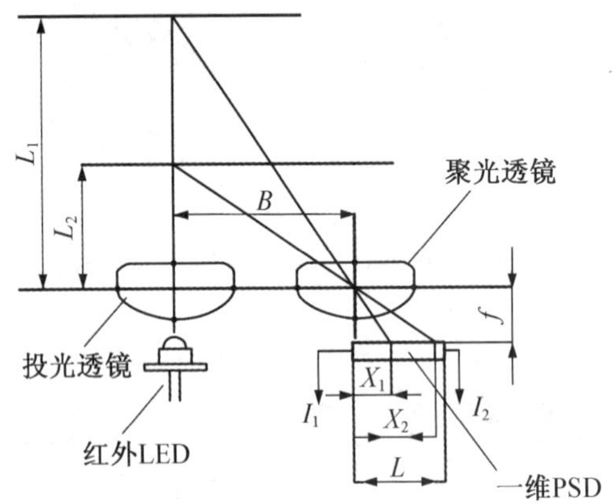

图5-7　一维PSD传感器测距原理示意图

5.3 视觉传感器典型应用

一、欧姆龙视觉系统的工作原理

本系统安装在整个工作站工作台上，当六自由度工业机器人用吸盘将七巧板或者带图形盖板拾取到视觉检测工位时，欧姆龙 FH-L550 机器视觉系统将对被抓取的物体进行视觉识别，并且把被识别的物体的颜色、形状、位置等特征信息发送给中央控制器和六自由度工业机器人，机器人则根据被识别物体具有的不同特征而执行不同的相对应的动作，从而完成整个工作站流。

智能相机（Smart Camera）并不是一台简单的相机，而是一种高度集成化的微小型机器视觉系统。它将图像的采集、处理与通信功能集中于单一相机内，从而提供了具有多功能、模块化、高可靠性、易于实现的机器视觉解决方案。同时，由于应用了最新的 DSP、FPGA 及大容量存储技术，其智能化程度不断提高，可满足多种机器视觉的应用需求。智能相机一般由图像采集单元、图像处理单元、图像处理软件、网络通信装置等构成，各部分的功能如下：

1. 图像采集单元。在智能相机中，图像采集单元相当于普通意义上的 CCD/CMOS 相机和图像采集卡，它将光学图像转换为模拟/数字图像，并输出至图像处理单元。

2. 图像处理单元。图像处理单元类似于图像采集/处理卡，它可对图像采集单元的图像数据进行实时的存储，并在图像处理软件的支持下进行图像处理。

3. 图像处理软件。图像处理软件主要在图像处理单元硬件环境的支持下，完成图像处理功能，如几何边缘的提取、BLOB（特征检测器）、灰度直方图、OCR/OCV（光学字符识别/验证）、简单的定位和搜索等。在智能相机中，以上算法都封装成固定的模块，用户可直接应用而无需编程。

4. 网络通信装置。网络通信装置是智能相机的重要组成部分，主要完成控制信息、图像数据的通信任务。智能相机一般均内置以太网通信装置，并支持多种标准网络和总线协议，从而使多台智能相机构成更大的机器视觉系统。

智能相机具有易学、易用、易维护、安装方便等特点，可在短期内构建起可靠而有效的机器视觉系统。其技术优势主要表现在：①结构紧凑，尺寸小，易于安装在生产线和各种设备上，且便于装卸和移动；②实现了图像采集单元、图像处理单元、图像处理软件、网络通信装置的高度集成，通过可靠性设计，可以获得较高的效率及稳定性；③已固化了成熟的机器视觉算法，使用户无需编程，就可实现有/无判断、表面/缺陷检查、尺寸测量、OCR/OCV、条码阅读等功能，从而极大地提高了应用系统的开发速度。

欧姆龙FH-L550机器视觉系统由智能相机、光源控制器、光源、镜头等硬件组成，是通过传感器控制器对相机所拍摄的对象物进行测量处理的图像传感器，与 PLC 或电脑等外部装置连接，即可从外部装置输入测量命令，或向外部输出测量结果，其示意图如图5-8所示。

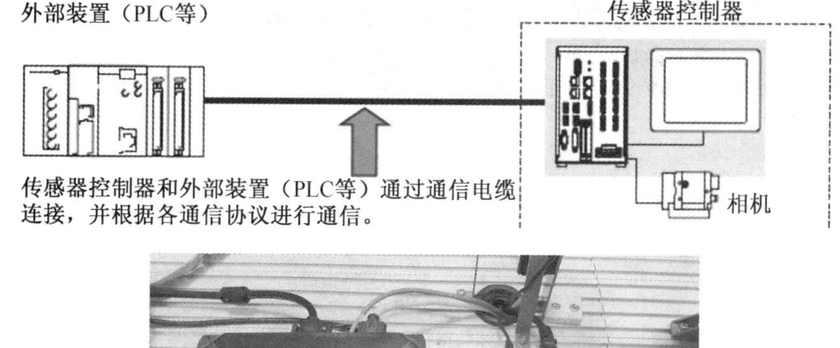

图5-8 欧姆龙FH-L550机器视觉系统示意图

二、欧姆龙视觉系统的工作案例

1. 建立新场景。在此以模拟视觉系统检测绿色方块为例，建立一个新的场景。

进入主界面之后，点击“场景切换”，为将要检测的长方形物体自定义一个新的场景，如图5-9所示。

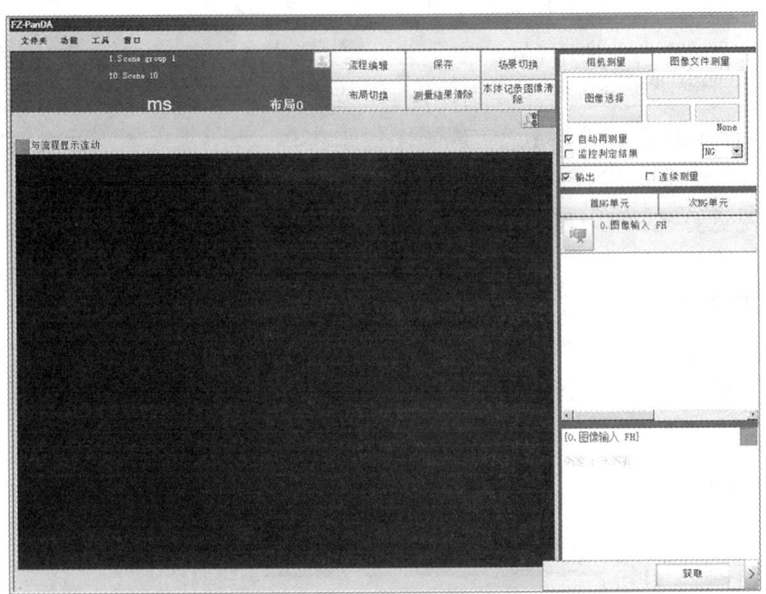

图5-9　点击“场景切换”建立新场景

2. 建立新的检测流程。建立完场景之后，为当前场景建立一个检测流程。在屏幕主界面中单击“流程编辑”，进入图5-10所示界面。

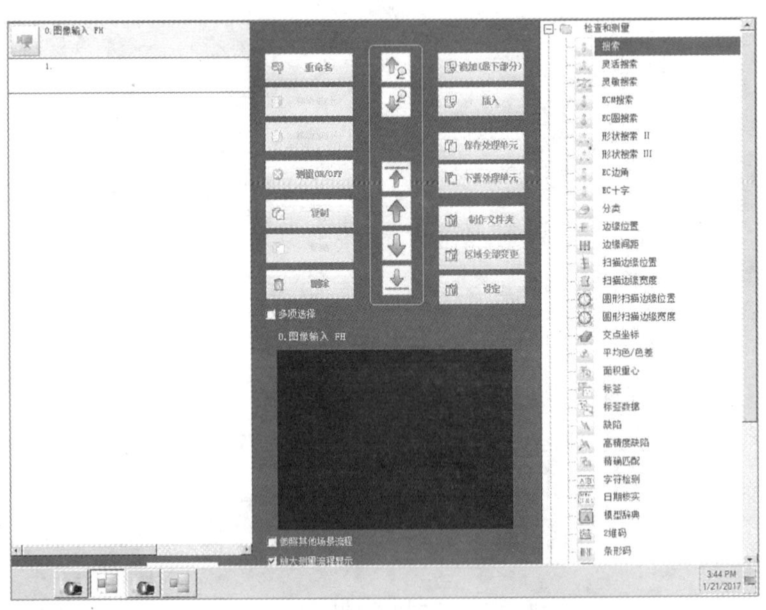

图5-10　单击“流程编辑”后的界面

以绿色方块为例，在此需要检测其形状和颜色，所以在右侧选项栏中选择“形状搜索”和“标签”。因为检测之后要输出检测数据，所以在最后应该添加一个并行数据输出，添加之后如图5-11所示。

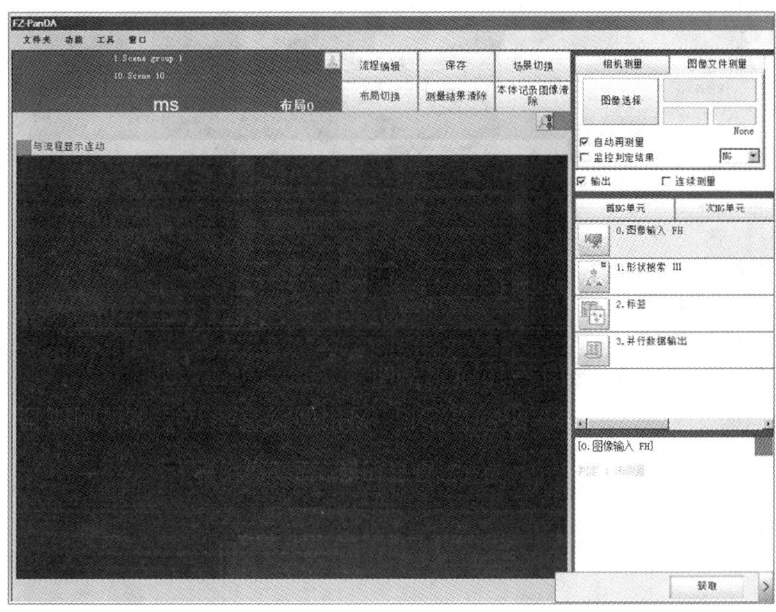

图5-11　选择“形状搜索”和“标签”并添加并行数据输出

3. 设置具体流程编辑。添加完所有检测流程之后，单击“1. 形状搜索”，则会进入具体形状搜索的编辑界面，如图5-12所示。

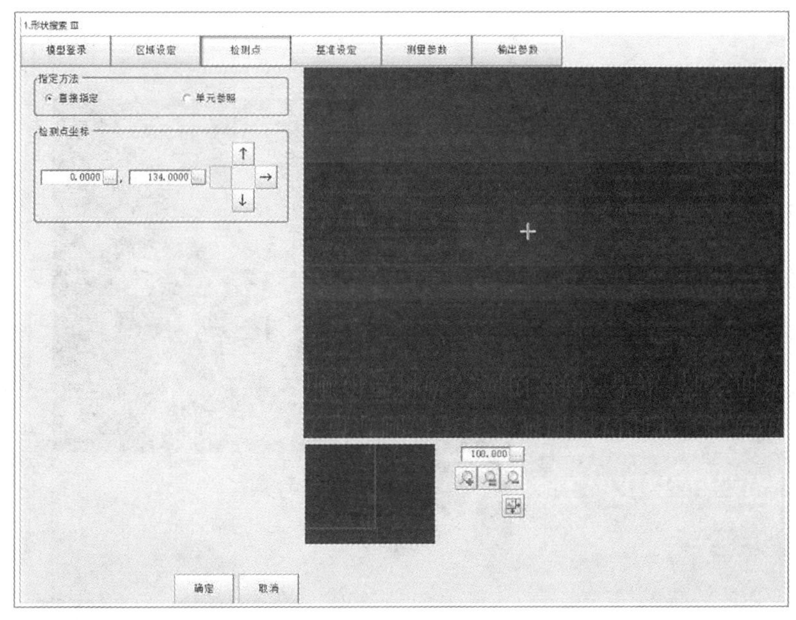

图5-12　点击“1. 形状搜索”进入具体形状搜索的编辑界面

在第五项“测量参数”中可以选择高精度模式和物体测量角度等，如图5-13所示。

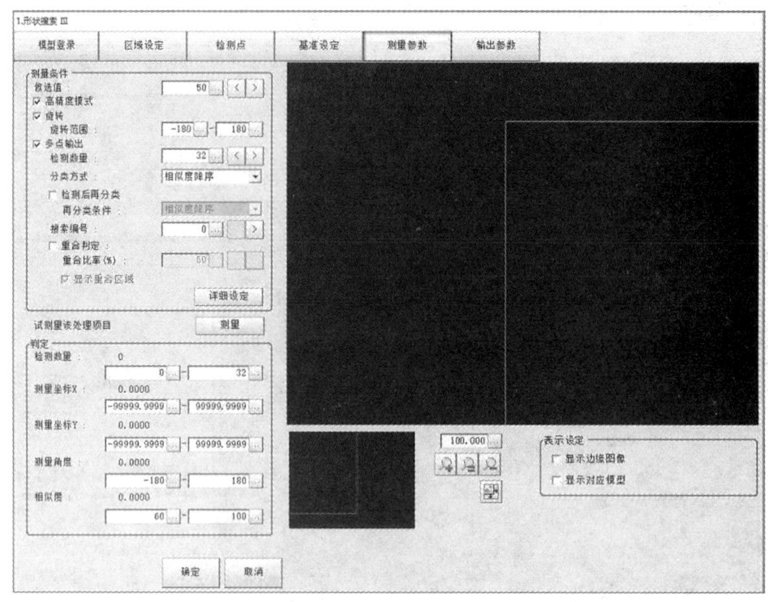

图5-13　在“测量参数”中选择高精度模式和物体测量角度

在形状搜索编辑完成之后，进入“标签”编辑选项来进行颜色的编辑和录入。

在第一项“颜色指定”中选择“自动设定”后，手动拖动鼠标在当前拍摄的物体上抓取颜色，或者手动在颜色表中选取颜色都可，如图5-14所示。

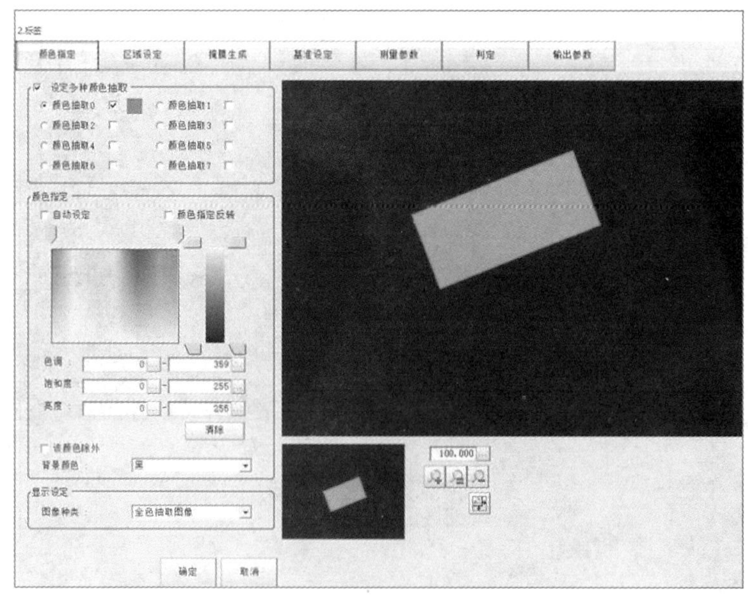

图5-14　选择“自动设定”或手动选取颜色

在第五项“测量参数”中的抽取条件中勾选“面积”，如图5-15所示。

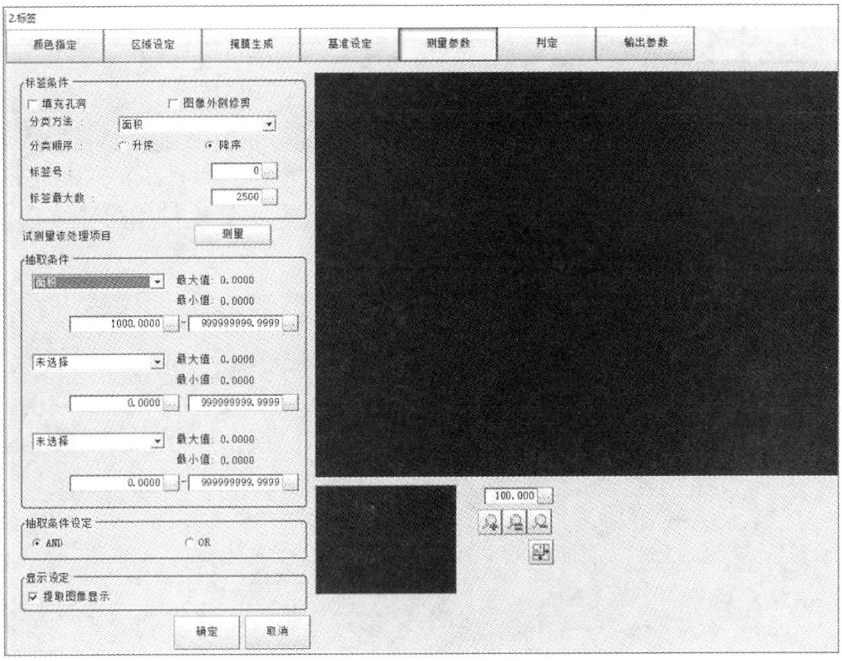

2.标签
颜色指定　区域设定　掩膜生成　基准设定　测量参数　判定　输出参数
标签条件
填充孔洞　图像外侧修剪
分类方法：面积
分类顺序：升序　降序
标签号：0
标签最大数：2500
试测量该处理项目　测量
抽取条件
面积　最大值：0.0000　最小值：0.0000
1000.0000 - 999999999.9999
未选择　最大值：0.0000　最小值：0.0000
0.0000 - 999999999.9999
未选择　最大值：0.0000　最小值：0.0000
0.0000 - 999999999.9999
抽取条件设定
AND　OR
显示设定
提取图像显示
100.000
确定　取消

图5-15　在“测量参数”中勾选“面积”

在第六项的“判定”中将标签数最小值更改为“1”，如图5-16所示。

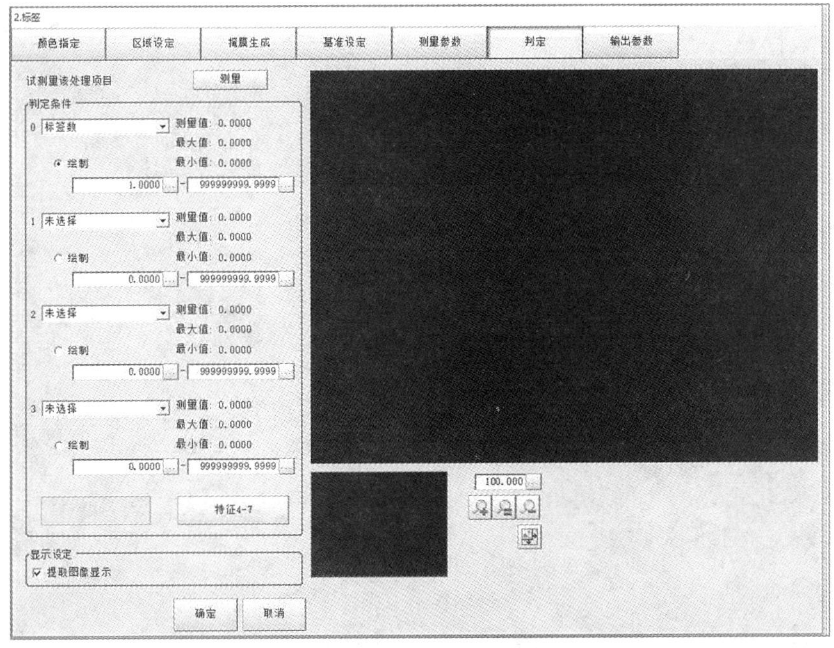

图5-16　在“判定”中将标签数最小值改为“1”

最后在“并行数据输出”选项中选择“二进制”输出格式，如图5-17所示。

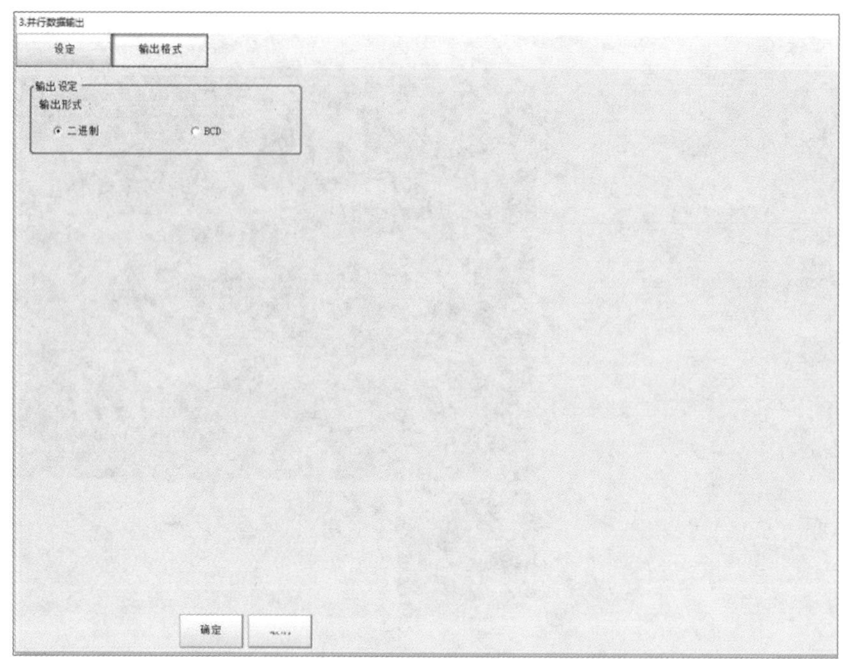

图5-17　在“并行数据输出”选项中选择“二进制”输出格式

测试已设计完成的流程，首先使用六自由度机器人将待检测物体放到视觉检测感应区，如图5-18所示。

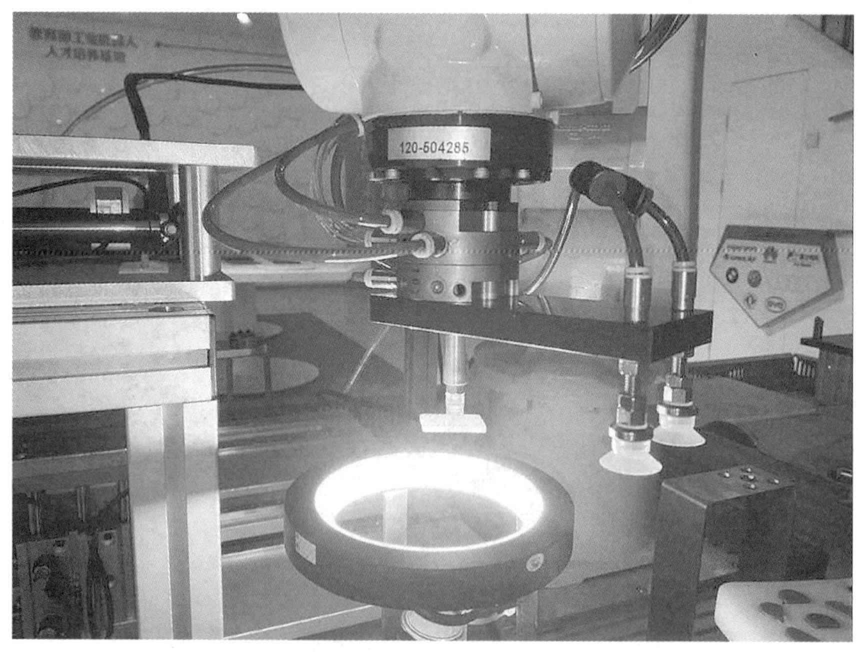

图5-18　将待检测物体放入视觉检测感应区

摄像头将当前零件的形状和颜色数据传输到 CCD 与已设置好的流程本体做对比，判别当前零件是否符合本体设置的特征。在当前零件颜色和形状都符合之后，整个流程会显示“OK”，如图5-19所示。

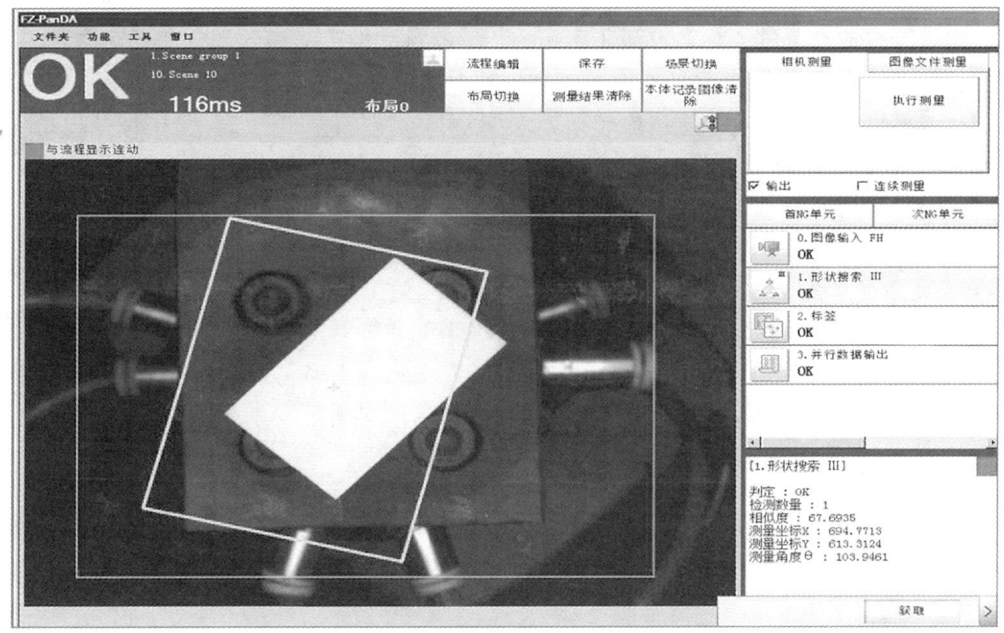

图5-19　比对零件颜色和形状

当零件形状和颜色都不符合之前流程所编辑的本体特征时，在右侧的流程栏中会显示出具体哪一项没有通过检测，而且整个流程会在屏幕上显示 NG。

思考与练习

一、填空题

1. 机器视觉是通过________和非接触的传感器自动地接受和处理一个真实物体的图像，通过________获得所需信息或用于控制机器运动的装置。

2. 典型工业机器视觉系统一般包括如下部分：________，________，图像捕捉系统，图像采集与数字化，智能图像处理与决策，控制执行模块等。

3. PSD（Position Sensitive Detector）是________的简称，是一种光电测距器件。

4. PSD是一种基于非均匀半导体横向________的、对入射光或粒子________敏感的光电器件。

5. PSD可分为________和________。

二、选择题

1. CCD以（　　）为信号。

A. 电压　　B. 电流
C. 电荷　　D. 电压或者电流

2. 构成CCD的基本单元是（　　）。

A. P型硅　　B. PN结
C. 光电二极管　　D. MOS电容器

3. 机器视觉领域正得到越来越广泛应用的光源是（　　）。

A. 氙灯　　B. 卤素灯　　C. 荧光灯　　D. LED灯

三、判断题

1. PSD的PN结结构、工作状态、光电转换原理等与普通光敏二极管类似，但它的工作原理与普通光敏二极管完全不同。（　　）

2. 一维PSD可以测定光点的一维位置坐标。（　　）

3. 对于二维PSD，通过其四个电极上输出的电流进行一定的数据处理，可以求解出入射光点在PSD光敏面上的位置信息。（　　）

4. 入射光的强度与尺寸大小对PSD输出的位置信号有影响。（　　）

5. 图像处理单元可对图像采集单元的图像数据进行实时的存储，并在图像处理软件的支持下进行图像处理。（　　）

四、简答题

1. 简述PSD传感器的基本原理，分为哪两类？

2. 典型工业机器视觉系统一般包括几部分？

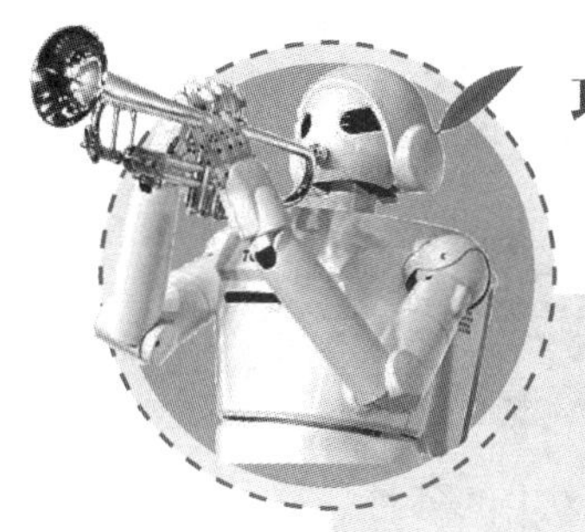

项目六 工业机器人外部传感器——其他传感器

工业机器人外部传感器除了前面介绍的触觉传感器、接近觉传感器、视觉传感器外，还有许多其他传感器，以满足工业机器人能够完成复杂工作条件的需求。下面介绍气体传感器、压电传感器和超声波传感器。

气体传感器是利用气敏元件同气体接触后其特性发生变化的机理来检测气体的成分或浓度的传感器。压电传感器是以具有压电效应的压电器件为核心组成的传感器。超声波传感器是利用超声波的特性研制而成的传感器，超声波检测广泛应用在工业、国防、生物医学等方面。

6.1 气体传感器

随着全球工业化步伐的不断加快，伴随着工业生产而产生的各种各样的有毒有害气体对人类的危害也愈加严重。除了我们熟知的一氧化碳、硫化氢等气体的危害，各类挥发性有机化学物质对人类健康和安全的危害也已经受到越来越多的关注；同时，随着科学技术水平对人类健康和安全认识的不断提高，以往我们不太注意或者说无需注意的有毒有害气体危害也已经开始渗入到我们每天的工作和生活之中，比如室内空气质量、车内空气污染等，可以这样讲，无论处于任何人类的工作和生活的环境之中，人们都可能受到有毒有害气体的危害。机器人在工况复杂、对人体有毒有害的环境下具有识别、检测和控制能力，可以替代人的工作。

一、气体传感器的概念及分类

气体传感器是利用气敏元件同气体接触后其特性发生变化的机理来检测气体的成分或浓度的传感器。

气体传感器的种类很多，按照其工作机理的不同可分为半导体气体传感器、固体电解质气体传感器、电化学式气体传感器和接触燃烧式气体传感器。其中，目前应用最为广泛的是半导体气体传感器。

半导体气体传感器按照半导体变化的物理特性又可分为电阻式和非电阻式。电阻式半导体气体传感器是用氧化锡、氧化锌等金属氧化物材料制作而成的，利用其阻值随被测气体浓度变化而变化的特性检测气体的浓度。在电阻式气体传感器中根据半导体与气体的相互作用主要是局限于半导体表面还是半导体内部，又可以将其分为表面控制型和体控制型。非电阻式半导体气体传感器是一种半导体器件，它们与气体接触后，其内部PN结的伏安特性或场效应管的结电容特性等将会发生变化，然后根据这些特性的变化来测定气体的成分和浓度。半导体气体传感器分类见表6-1。

表6-1　半导体气体传感器分类

	所利用的特性	气敏部件	工作温度	代表性被测气体
电阻式	表面控制型	氧化锡（SnO_2）、氧化锌（ZnO）	室温～450℃	可燃性气体
	体控制型	氧化铁（Fe_2O_3） 氧化钛（TiO_2）、 氧化钴（CoO）、氧化镁（MgO）	300～450℃ 700℃以上 700℃以上	酒精、可燃性气体、氧气
非电阻式	表面电位	氧化银（Ag_2O）	室温	乙醇
	二极管整流特性	铂/氧化钛（Pd/TiO_2）	室温～200℃	氢气、一氧化碳、乙醇
	晶体管特性	铂-MOS场效应管（Pd-MOSFET）	150℃	氢气、硫化氢

二、气敏电阻型传感器的工作原理

半导体气敏材料分为P型和N型两种，P型材料主要有MoO_2（二氧化钼）、NiO_2（二氧化镍）等，N型材料主要有SnO_2（二氧化锡）、ZnO（氧化锌）等。用P型材料制成的气敏电阻呈空穴导电性，当环境中涌现还原性气体时（可燃性气体，如一氧化碳、氢气等），其阻值增大；当环境中涌现氧化性气体时（如氧气），其阻值减小。用N型材料制成的气敏电阻呈电子导电性，当环境中涌现还原性气体时，其阻值减小；当环境中涌现氧化性气体时，其阻值增大。下面以 SnO_2气敏电阻为例说明其工作原理。

通常 SnO_2气敏电阻工作在空气中，当其吸附空气中的氧气、二氧化氮等电子兼容性大的气体时，氧气分子从 SnO_2材料中夺取电子，使材料表面空间电荷层的传导电子减少，电阻率增大，气敏电阻呈现高阻状态；而当有还原性气体涌现时，如氢气、一氧化碳，氢气就会与吸附的氧气反应，将被氧气夺取的电子释放出来，使材料表面空间电荷层的传导电子增加，电阻率下降。由于空气中的氧含量几乎不变，因而气敏电阻在“清洁空气”中吸附的氧气量固定不变，此时阻值保持一定；一旦某种被测气体流过器件，则气敏电阻的阻值将发生变化，根据阻值的变化情况，就可以判断出吸附气体的种类和浓度。SnO_2 气敏电阻的阻值变化与吸附气体之间的关系如图6-1所示。SnO_2气敏电阻对不同气体的检测灵敏度差别很大，可以通过在SnO_2中添加不同物质改善其气敏效应，使其能够检测不同的气体。

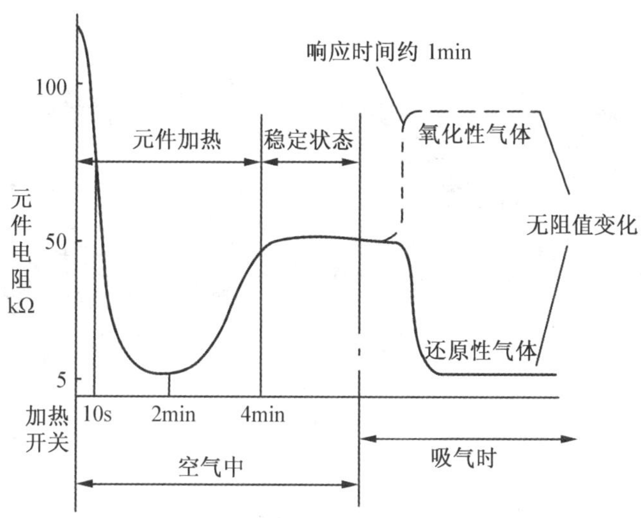

图6-1　SnO_2气敏电阻与吸附气体关系示意图

三、几种常用气体传感器的性能及外形结构

气体传感器的种类很多，如可燃气体传感器、氢敏传感器、甲烷浓度传感器、烟雾传感器、汽油传感器、硫化氢传感器、氧气传感器、一氧化碳传感器、酒敏传感器等。

各种传感器的应用方法大同小异，现举出两种与人们的日常生产、生活关系比较密切的气体传感器进行简单的介绍。

（一）QM—N5型可燃气体传感器

QM—N5型可燃气体传感器适用于对可燃气体的检测、检漏、监控等设备中作传感器件，具有灵敏度高、稳定性好、响应和恢复时间短、电导率变化大等优点。QM—N5的外形、引脚排列及图形符号如图6-2所示。

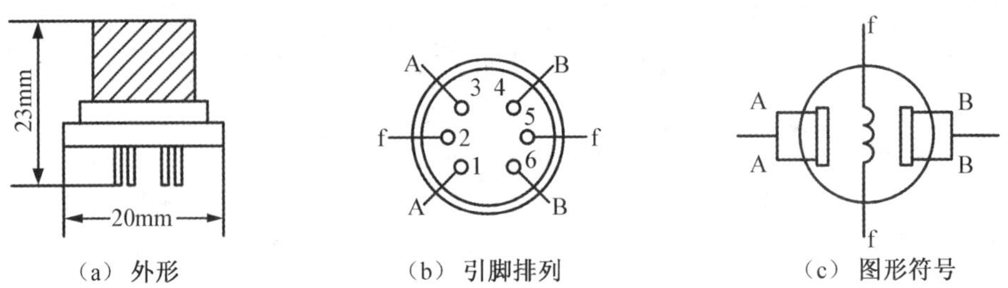

（a）外形　（b）引脚排列　（c）图形符号

图6-2　QM—N5的外形、引脚排列及图形符号

注：A—A——两脚短路构成测量极一端；B—B——两脚短路构成测量极另一端；f—f——加热丝

1. QM—N5的主要技术特性。

（1）适应范围：可燃性气体（如天然气、煤气、液化石油气、氢气、一氧化碳、烷烃类、烯烃类、炔烃类等气体）及汽油、煤油、柴油、氨类、醇类、硅类等可燃液体蒸汽及烟雾等。

（2）主要参数规范：QM—N5的主要参数见表6-2。

表6-2　QM—N5的主要参数

参数名称	清洁空气中电压U_0	标定气体中电压$U_{0.1}$	灵敏度	电压比值	响应时间T_{res}	恢复时间T_{rec}	最佳工作条件			允许工作条件		
							回路电压U_C	加热电压U_H	负载电阻R_L	回路电压U_C	加热电压U_H	负载电阻R_L
参数值	0.1～1.2	$\geqslant V_{0+1}$	≥4	≤0.9	≤10	≤30	10	5	2	5～15	4.5～5.5	0.5～2.2
计量单位	V	V	$U_{0.1}/U_0$	$U_{0.1}/U_{0.5}$	s	s	V	V	kΩ	V	V	kΩ

① 清净空气中电压U_0：在最佳工作条件下，气敏器件在清洁空气中负载电阻R_L上电压降的稳定值。

② 标定气体中电压$U_{0.1}$：在最佳工作条件下，气敏器件在含0.1%丁烷的空气中负载电阻R_L上电压降的稳定值。

③ 电压比值$U_{0.1}/U_{0.5}$：在最佳工作条件下，气敏器件在含0.5%丁烷的空体中负载电阻R_L上电压降的稳定值为$U_{0.5}$，$U_{0.1}$与$U_{0.5}$之比值即为此值。

④ 响应时间T_{res}：在最佳工作条件下，气敏器件在接触含0.1%丁烷的气体后，负载电阻R_L上电压降上升到2V时的时间。

⑤ 恢复时间 T_{rec}：在最佳工作条件下，气敏器件在脱离含 0.1%丁烷气体后，负载电阻 R_L上电压降由$U_{0.1}$下降到2V的时间。

⑥ 标定气体：测量气敏器件参数$U_{0.1}$和$U_{0.5}$所采用的气体，是丁烷气体与清洁空气的混合气体。

（3）环境条件：环境温度为 −20 ～ +40℃，相对湿度 ≤ 85%，大气压力为650 ～ 80mmHg（1mmHg=133.322Pa）。

（4）防爆等级：安全火花型，可以使用在有三级六组的爆炸混合物场所中。

2. 使用方法及注意事项。

（1）半导体气敏器件开始工作时，在没有遇到可燃性气体时其电导率也将增加，经过10min左右，电导率便下降到一个稳定值，这时方可正常工作。

（2）加热电压 5V，是用于丁烷气体时选择的最佳加热电压，测量其他气体时为了获得R_L上的最大电压，可以重新选择。

（3）要避免油浸和油垢污染，长期使用要防止灰尘堵住防爆不锈钢网。

（4）不要长期在腐蚀性气氛中工作。

（5）长期不用时要放置在干燥无腐蚀性气氛的环境中。

（二）ZM003型一氧化碳传感器

ZM003 型一氧化碳传感器的外形尺寸及引脚排列如图6-3所示。

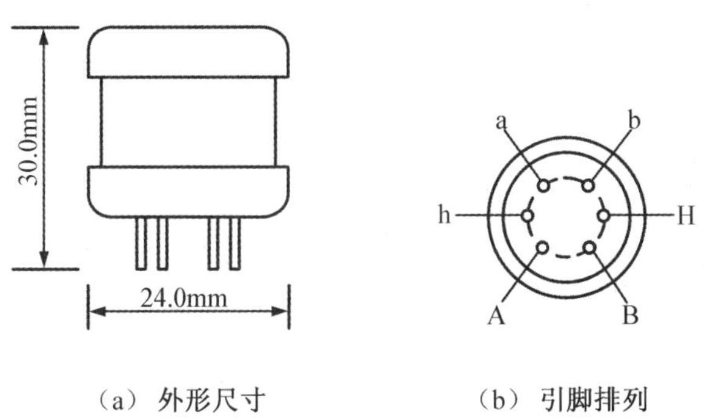

（a）外形尺寸　　（b）引脚排列

图6-3　ZM003 型一氧化碳传感器的外形尺寸及引脚排列图

注：a—A——内部短路构成第一测量极；b—B——内部短路构成第二测量极；h—H——加热电极。

（1）特性：

① 对一氧化碳气体具有较高的灵敏度。

② 对干扰气体如乙醇、氢气等灵敏度低。

③ 具有良好的重复性和较好的稳定性。

④ 元件功耗低。

（2）用途：

① 家用一氧化碳传感器：用于防止家庭燃煤时不完全燃烧产生的一氧化碳毒气，以及防止燃气装置不完全燃烧或泄漏产生的一氧化碳毒气。

② 工业用一氧化碳传感器及报警装置。

（3）主要参数：

电路条件——回路电压（U_C）：最高15V（直流或交流）。

加热电压（U_H）：2.5 ×（1±0.2）V（1 ～ 10h）。

清洗电压（U_W）：5.2 ×（1±0.2）V（1 ～ 2min）。

负载电阻（R_L）：5 ～ 20kΩ。

加热功率（P_H）：约180mW。

元件电阻（R_a）：40 ～ 400kΩ，在清洁空气中。

灵敏度（S）：$R_a/R_{dg} \geqslant 3.0$（R_{dg}：100×10^{-6}一氧化碳气体中的元件电阻）。

探测浓度范围：20 ～ 1 500mg/L。

响应时间：（T_{res}）≤ 30s。

恢复时间：（T_{rec}）≤ 90s。

（4）工作环境：

温度：−10 ～ +40℃。

相对温度：≤ 90%RH。

大气压：0.87×10^3 ～ 1.07×10^3Pa。

（5）注意事项：

① 使用时，应详细阅读产品说明书。

② 避免在强酸、强碱等腐蚀性气氛条件下保存或使用。

③ 避免浸蚀或油垢污染。

④ 切忌猛烈扔掷。

四、气体传感器的测试

测试气体传感器的好坏可以采用以下两种方法：

（一）电阻测量法（以QM—N5为例）

按图6-4所示首先给气体传感器的加热丝（f）加上一个5V电压（交流、直流均可），然后把万用表拨在欧姆挡“R×100”挡，两根表笔分别接传感器的两个测量极A、B（表笔不分正、负），此时万用表的指示为几十千欧，然后用一个装有酒精的瓶子，瓶口对准气体传感器（不同气体传感器应选用不同气体），此时万用表指示的电阻逐渐减小，直到接近于0。当让气体传感器吸附浓度较高的气体时，如果万用表指示的电阻值发生明显变化，则证明此传感器是好的；如果万用表指示的电阻值变化不大，说明此气体传感器是坏的。

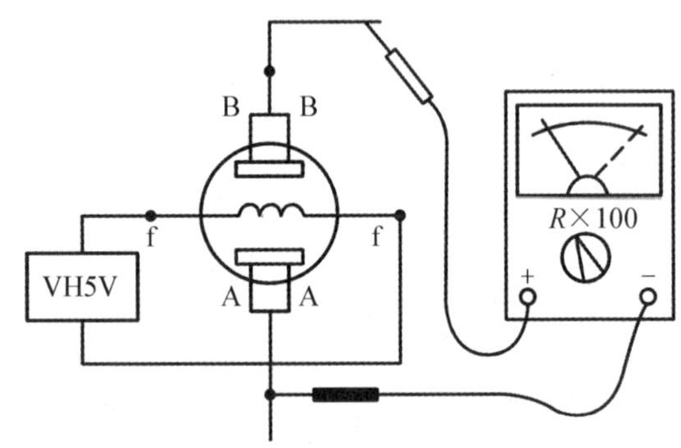

图6-4　电阻法测试气体传感器的好坏

（二）电压测试法（仍以QM—N5为例）

按图6-5所示接好测量电路，给加热丝加一个5V电压，A、B间串接一只负载电阻

R_L（1～2kΩ），然后加一个 10～15V（下面实验数据以 12V为例）的电压，将万用表拨在直流10V挡，红表笔接R_L上端，黑表笔接R_L下端。当气体传感器未吸附可燃气体时，万用表指示很小（0 左右）；用一个酒精瓶的瓶口对准气体传感器时，如果万用表的指示大大增加（如测量极加上12V电压时，电压表指示可增加到8～9V），说明被测气体传感器是好的，如果指示无明显变化，说明被测传感器是坏的。

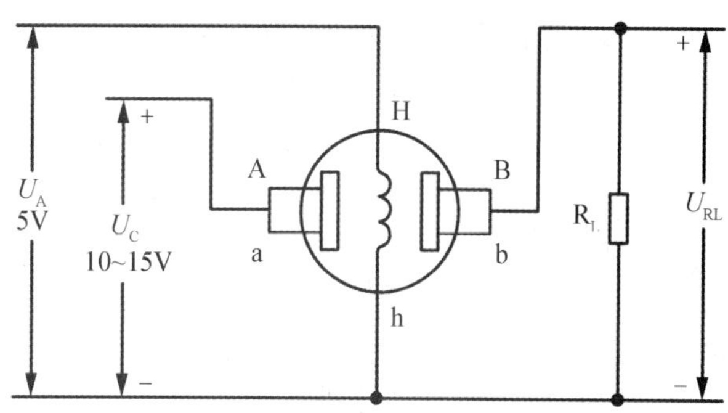

图6-5　电压法测试气体传感器的好坏

五、气体传感器应用

随着工农业的不断发展，易燃、易爆、有毒气体的种类和应用范围都得到了迅速的增加。这些气体在生产、运输、使用过程中一旦发生泄漏，将会引发中毒、火灾甚至爆炸事故，严重危害人民的生命和财产安全。由于气体本身具有的扩散性，发生泄漏之后，在外部风力和内部浓度梯度的作用下，气体会沿地表面扩散，在事故现场形成燃烧、爆炸或毒害危险区，扩大了危害区域。为此，必须在日常的生产中加强对这些气体的监测，需要用到大量的气体传感器。表6-3 给出了气体传感器的应用领域。

表6-3　　气体传感器的应用领域

气体分类	检测目标	应用场所
爆炸性气体	液化石油气、煤气 甲烷 可燃性煤气	家庭 煤矿 办事处
有毒气体	一氧化碳 硫化氢、含硫化合物 卤素、卤化物、氨气等	煤气灶 特殊场所 办事处
环境气体	氧气（防止缺氧） 二氧化碳（防止缺氧） 水蒸气（调节温、湿度） 大气污染（SO_X、NO_X等）	家庭、办公室 家庭、办公室 电子设备、汽车 温室
工业气体	氧气（调节燃料比） 一氧化碳（防止不完全燃烧） 水蒸气（食品加工）	发动机、锅炉 发动机、锅炉 电炊灶
其他	酒精、烟雾等	

（一）家用气体报警电路

气体报警器可根据使用气体种类，安放于易检测气体泄漏的地方，这样就可以随时监测气体是否泄露，一旦泄漏气体达到危险的浓度，便会自动发出报警信号。

图6-6所示为利用QM—N5型半导体气敏传感器设计的简单而且廉价的家用气体报警器电路。这种测量回路能承受较高的交流电压，因此可直接由市电供电，不加复杂的放大电路，就能驱动蜂鸣器等来报警。这种报警器的工作原理是将蜂鸣器与气敏传感器构成简单串联电路，当气敏传感器接触到泄漏气体（如煤气、液化石油气等）时，其阻值降低，回路电流增大，达到报警点时蜂鸣器便发出警报信号。设计报警器时，重要的是如何确定开始报警的浓度，一般情况下，对于丙烷、丁烷、甲烷等气体，都选定在其爆炸下限的十分之一。

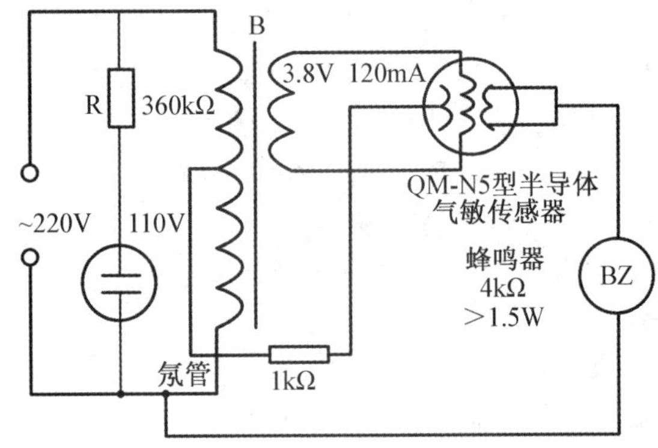

图6-6　家用气体报警器电路示意图

（二）酒精测试仪

酒精测试仪组成方框图如图6-7所示，该测试仪只要被测者向传感器探头吹一口气，便可显示出醉酒的程度。气体传感器可选用 TGS—812，这种传感器对一氧化碳和酒精敏感，常被用来探测汽车尾气的浓度和制作酒精测试仪。IC 为显示驱动电路，其输出端连接发光二极管，发光二极管可采用不同颜色，以区分酒精浓度。当气体传感器探不到酒精时，QM的“1”“4”间电阻较大，使 IC “5”脚的电平为低电平，IC不工作，发光二极管不亮；当气体传感器探测到酒精时，QM的“1”“4”间电阻变小，从而使IC “5”脚电平变高，推动 IC 工作，驱动发光二极管点亮。酒精含量越高，则TGS—812的阻值越小，IC “5”脚的电平越高，依次点亮发光二极管的级数就越多。

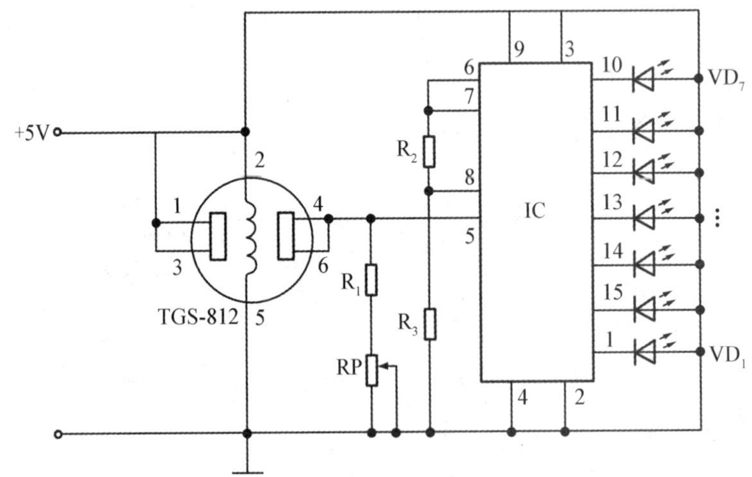

图6-7　酒精测试仪组成方框图

（三）家用煤气（CO）安全报警电路

图6-8所示为家用煤气（CO）安全报警器原理示意图，该电路由两部分组成，一部

分是煤气报警器，在煤气浓度达到危险界限前发出警报；另一部分是开放式负离子发生器，其作用是自动产生空气负离子，使煤气中主要的有害成分一氧化碳与空气负离子中的臭氧（O_3）反应，生成对人体无害的二氧化碳。

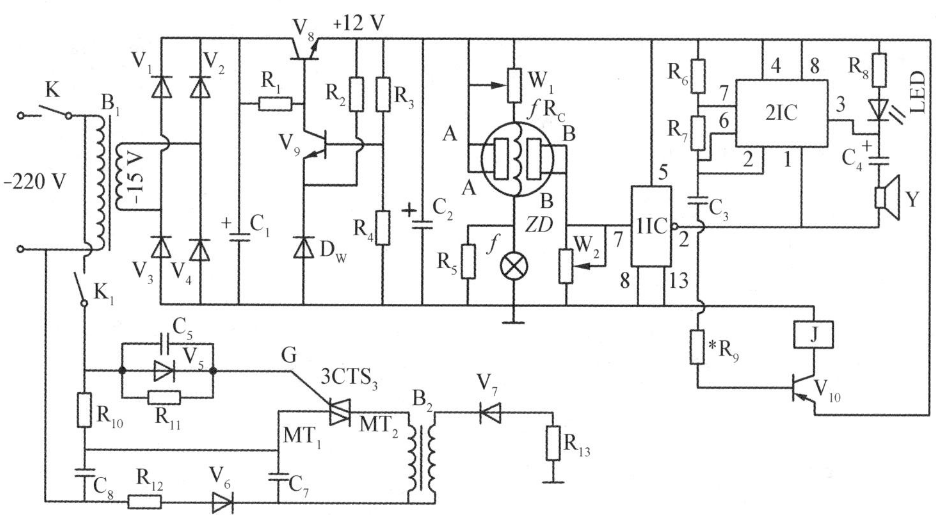

图6-8　家用煤气（CO）安全报警器原理示意图

煤气报警电路包括电源电路、气敏探测电路、电子开关电路和声光报警电路。开放式空气负离子发生器电路由R_{10}～R_{13}、C_5～C_7、3 CTS_3及B_2等组成。这种负离子发生器，由于元件少，结构简单，通常无须特别调试即能正常工作。减小R_{12}的阻值，可使负离子浓度增加。

6.2 压电传感器

压电传感器是一种能量转换型传感器，它既可以将机械能转化为电能，又可以将电能转化为机械能。压电传感器是以具有压电效应的压电器件为核心组成的传感器。

一、压电传感器的性能决定因素

压力传感器是工业实践中最为常用的一种传感器。一般普通压力传感器的输出为模拟信号。模拟信号是指信息参数在给定范围内表现为连续的信号，或在一段连续的时间间隔内，其代表信息的特征量可以在任意瞬间呈现为任意数值的信号。而我们通常使用的压力传感器主要是利用压电效应制造而成的，这样的传感器也称为压电传感器。压电传感器是利用某些电介质受力后产生的压电效应而制成的传感器。所谓压电效应是指某些电介质在受到某一方向的外力作用而发生形变（包括弯曲和伸缩形变）时，由于内部电荷的极化现象，会在其表面产生电荷的现象。压电传感器的性能取决于压电材料的性能。

二、压电材料种类

压电材料可分为压电单晶、压电多晶和有机压电材料。压电传感器中用得最多的是压电多晶的各类压电陶瓷和压电单晶中的石英晶体。其他压电单晶还有适用于高温辐射环境的铌酸锂以及钽酸锂、镓酸锂、锗酸铋等。

1. 单晶压电晶体。一种天然晶体，压电系数$d11=2.31\times10^{-12}$C/N，莫氏硬度为7，熔点为1 750℃，膨胀系数仅为钢的1/30。其转换效率、精度高，动态特性好，稳定性好。

2. 多晶压电陶瓷。压电陶瓷原材料价格低廉，具有非水溶性、遇潮不易损坏、制作工艺简单、机械强度好等各种优点。

3. 新型压电材料。压电半导体材料具有响应时间短、灵敏度高等优点；高分子压电材料，如PVDF等，具有防水性、不易破碎、可以大量连续拉制和制成较大面积或较长的尺度等优点。

三、压电传感器工作原理

压电传感器是基于压电材料的正压电效应和逆压电效应制成的。从能量的角度上说，它实现了机械能和电能之间的互相转化，起到一个换能器的作用。

某些物质在沿一定方向受到压力或拉力作用而发生改变时，其表面上会产生电荷；若将外力去掉时，它们又会重新回到不带电的状态，这种现象就称为正压电效应。如图6-9所示，当压电材料未受到外力作用时，材料中的带电粒子呈现一个无序状的排列方式，材料对外表现为电中性；当压电材料受到外力作用时，材料中的带电粒子呈现一个有序的排列方式，带电粒子的同名电极指向一方，此时材料对外表现为带电性，随着受拉与受压的不同，压电材料的电极表现出来的电极性是相反的。

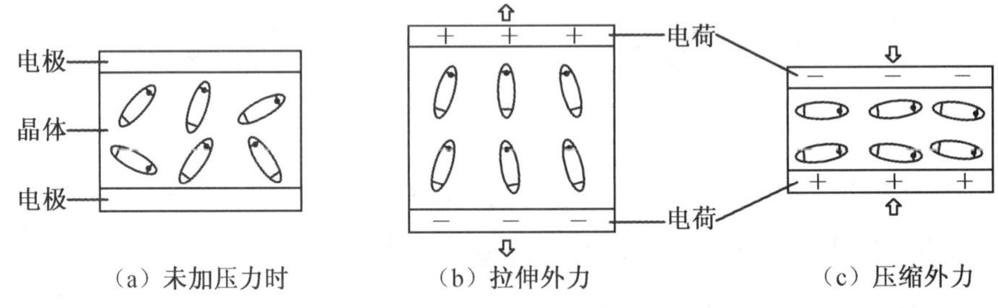

图6-9　正压电效应原理图

在压电材料的两个电极面上，如果加以交流电压，那么压电片能产生机械振动，即压电片在电极方向上有伸缩的现象，压电材料的这种现象称为“电致伸缩效应”，也叫做“逆压电效应”。如图6-10所示，当压电材料未受到电场作用时，压电材料内部的带电粒子呈无序状，材料不会产生形变；当在压电材料的两端加上电场以后，带电粒子会随着电场的方向做相应的移动，此时压电材料对外表现出形变，随着压电材料两端所加电场极性的不同，材料表现出相应的伸缩现象。

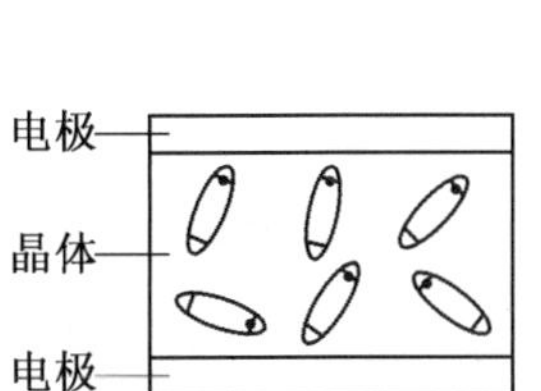

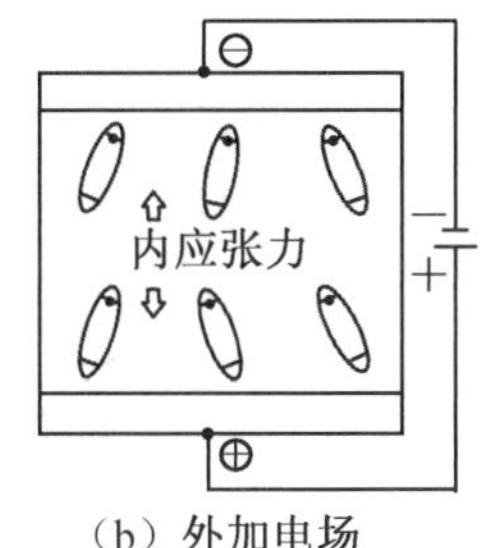

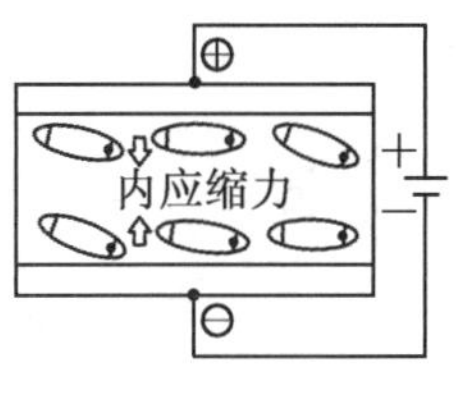

（a）未施加电场时　（b）外加电场　（c）外加反向电场

图6-10　逆压电效应原理图

当压电传感器中的压电晶体承受被测机械应力的作用时，在它的两个极面上出现极性相反但电量相等的电荷。图6-11所示为压电传感器的等效电路。

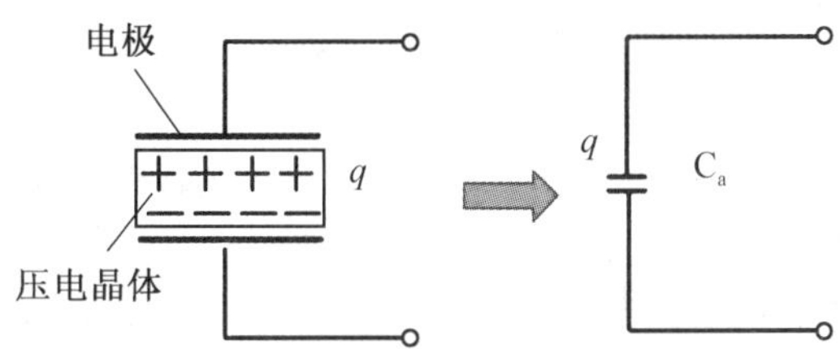

图6-11　压电传感器的等效电路

电容容量计算公式：

$$C_a=\frac{\varepsilon S}{l}=\frac{\varepsilon_r\varepsilon_0 S}{l} \tag{6-1}$$

式中　C_a——极板间电容量（F）；

ε_r——相对介电系数；

ε_0——真空中介电常数（约为8.86×10^{-12}F/m）；

S——两极板间有效面积（m^2）；

l——两极板间距离（m）。

简单地说，压电传感器就是压电敏感元件受力变形后表面产生电荷，此电荷经电荷放大器和测量电路放大以及变换阻抗后就成为正比于所受外力的电量输出。

压电传感器的前置放大器有两个作用：一是把传感器的高阻抗输出变换为低阻抗输出；二是把传感器的微弱信号进行放大。放大器分为电压放大器与电荷放大器，图6-12所示为电压放大器电路，图6-13所示为电荷放大器电路。

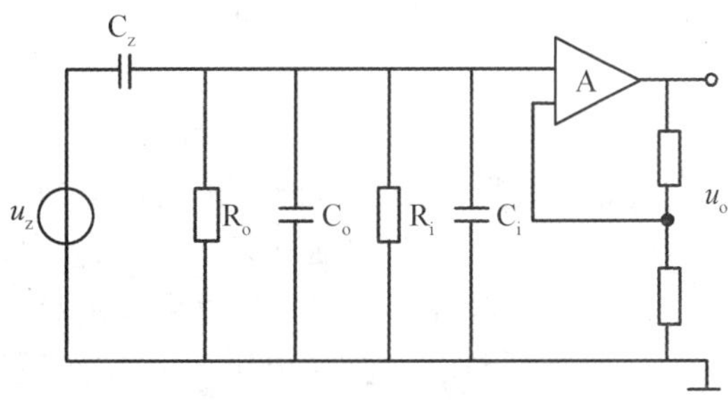

图6-12　电压放大器电路

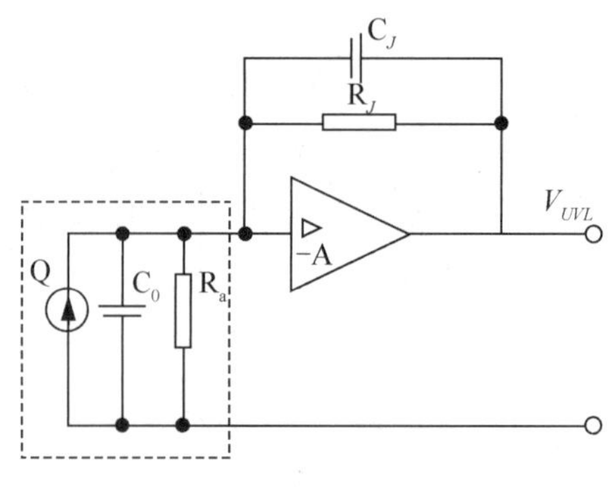

图6-13　电荷放大器电路

四、压电传感器的应用

(一)用于减振降噪

压电智能结构在振动控制中的应用研究开展得最早,研究成果也较丰富,主要集中于大型航天柔性结构的振动控制。控制系统的设计通常有三种方法,即主动控制、被动控制及主被动混合控制。被动控制系统结构简单、容易实现、成本低,但缺少控制上的灵活性,对突发性环境变化应变能力差;与被动控制相比,主动控制以现代控制理论为主要工具,具有较大的灵活性,对环境的适应能力强,是当前振动工程中的一个研究热点;被动控制与主动控制相结合形成混合控制策略是当前振动工程的一个新兴方向。压电智能结构的另一个重要应用方向是噪声主动控制。它主要用于潜艇、飞行器以及车辆等三维封闭空间内部噪声的控制。与壁板振动主动控制不同之处在于振动控制是控制板的模态,而噪声控制则主要是控制产生声强的部分。

(二)用于结构静变形控制

通过控制压电智能结构的变形可以调整结构的几何形状,维护结构准确的外形和位置,这在空间站、其他空间飞行器及柔性机械的控制中具有重要的应用价值。比如在空间飞行器中,可通过控制精确结构的变形,以保证空间天线反射器、望远镜等精密仪器正常工作;在机器人中,通过压电元件控制柔性机械臂运动,可提高机械手的运动精度。

(三)用于结构损伤监测

应用压电传感元件进行结构损伤监测主要有两种方式,其一是用压电传感器来精确感知结构力学性质的变化,并通过进一步地计算和分析,对结构的损伤进行预测;另一种则是通过分析结构中传播的振动波来进行损伤预测。这两种方式可以为结构的安全评定与损伤定位提供可靠信息,从而为土木工程结构长期、实时健康检测提供新的方法。

(四)用于加工工艺监测

压电力、应力、振动及声发射传感器因其具有独特的优点成为现代化自动控制制造业中状态监测的理想选择。对于磨削、钻孔和攻丝,采用最新的遥测技术设计一种新颖的石英多分量力及力矩的传感器,这种新型的旋转切削测力计可以直接安装在轴和刀具之间,直接测量旋转刀具的切削力,对分析计划生产过程和确定用于实际生产中选择最佳切削参数都具有重要的意义。金属加工过程中会产生声发射现象,其中含有丰富的信

息，其最重要的价值是对零件所产生的缺陷及初始故障能给出可靠的指示。一种创新的双用传感器将声发射传感器与三分量测力传感器合二为一，将这种双用传感器安装在车床夹具的适当位置，就可以连续监测切削力、进刀力和被动力的大小以及相关的声发射信号。

（五）用于车辆行驶称重

压电传感技术与网络技术和视频技术相结合可以实现对车轴数、车速、轴距、行驶中车辆载重量的信息进行收集并加以分析，从而在智能交通系统中发挥重大作用。比如美国MSI公司研究开发的共聚物压电轴传感器，可获取精确的速度信号、触发信号和分类信息及长期反馈交通信息统计数据。巴西、德国、日本和韩国在压电检测车辆行驶中的称重功能方面也有大量的应用。

（六）用于压电传感电缆

人们最近开发出一种压电层较厚的同轴电缆形式的PVF2压电材料——PVF2压电电缆。这种压电电缆用连续工艺生产，长度可达几千米，直径为1.5mm。它能把声音、振动、冲击、压力、应力和应变转换为电信号，使用方法非常灵活，它克服了压电薄膜及压电陶瓷的缺点和使用的局限性，展现出很大的应用前景。它的主要应用领域是：水声学、冲击传感、振动传感、入侵报警和安全防卫、交通流量统计、应变应力测量、工业控制与检测等。

（七）用于航空和航海

由Sigma 研究公司研制而成的“便携式自动远程检查系统”，简称PARIS，专门为大面积层状结构或复合结构的原位检查而设计。其关键元件是一个200mm × 200mm的可变形PVDF压电薄膜，其中含有1 024 个换能器。这种膜的柔韧性很好，能够与曲率半径为4的弯曲表面完全贴合。与它相连的装置还有一个手提控制器、数据采样器和显示装置等。这种接收器的总信噪比达100dB，中心频率为2.5MHz。飞机上的石墨—环氧树脂复合物或舰艇上的大型结构都可以用它来进行很方便的测试。而对于铝和钢的测试，这方面早已获得了令人满意的结果。

（八）压电式报警器

玻璃破碎报警装置，它利用压电元件对振动敏感的特性来感知玻璃受撞击和破碎时产生的振动波。传感器把振动波转换成电压输出，输出电压经放大、滤波、比较等处理后提供给报警系统。传感器的最小输出电压为100mV，最大输出电压为100V，内阻抗为15～20kΩ。玻璃破碎时会发出几千赫兹至几十千赫兹的振动，使用时将高分子压电薄膜传感器粘贴在玻璃上，感受这一振动，然后通过电缆和报警电路相连，将压电信号传送给集中报警系统。为了提高报警器的灵敏度，信号经放大后，再经带通滤波器进行滤波，要求它对选定的频谱通带的衰减要小，而频带外衰减要尽量大。玻璃振动的波长在音频和超声波的范围内，这就使滤波器成为电路中的关键。只有当传感器输出信号高于设定的阈值时，才会输出报警信号，驱动报警执行机构工作。玻璃破碎报警器可广泛用于文物保管、贵重商品保管及其他商品柜台保管等场合。

6.3 超声波传感器

超声波传感器是利用超声波的特性研制而成的传感器。超声波是一种振动频率高于声波的机械波，由换能晶片在电压的激励下发生振动产生的，它具有频率高、波长短、绕射现象小、方向性特别好、能够成为射线定向传播等特点。超声波对液体、固体的穿透本领很强，尤其是在阳光下不透明的固体中，它可穿透几十米的深度。超声波碰到杂质或分界面会产生显著反射形成反射回波，碰到活动物体能产生多普勒效应。因此，超声波检测广泛应用在工业、国防、生物医学等方面。

一、基本介绍

以超声波作为检测手段，前提是必须有产生超声波和接收超声波的装置，完成这种功能的装置就是超声波传感器，习惯上称为超声换能器，或者称为超声波探头。图6-14所示为超声波探头外形

图6-14　超声波探头外形

超声波探头主要由压电晶片组成，既可以发射超声波，也可以接收超声波。小功率超声波探头多作探测用，它有许多不同的结构，可分为直探头（纵波）、斜探头（横波）、表面波探头（表面波）、兰姆波探头（兰姆波）、双探头（一个探头反射、一个探头接收）等。

超声波探头的核心是其塑料外套或者金属外套中的一块压电晶片。构成晶片的材料可以有许多种，晶片的大小（如直径和厚度）不同，探头的性能也不同，使用前必须预先了解它的性能。

二、超声波传感器的主要性能指标

1. 工作频率。工作频率就是压电晶片的共振频率。当加到它两端的交流电压的频率和晶片的共振频率相等时，输出的能量最大，灵敏度也最高。

2. 工作温度。由于压电材料的居里点一般比较高，特别对于诊断用超声波探头，由于超声波传感器功率较小，所以工作温度比较低，可以长时间工作而不失效；而医疗用的超声波探头的温度比较高，需要单独的制冷设备。

3. 灵敏度。其主要取决于制造晶片本身，机电耦合系数大，则灵敏度高；反之，灵敏度低。

三、超声波传感器的主要应用

（一）医学应用

图6-15所示为医用超声波传感技术外形，应用于生产实践的不同场合，而医学应用

是其最主要的应用之一。下面以医学应用为例子说明超声波传感技术的应用：超声波在医学上的应用主要是诊断疾病，它已经成为临床医学中不可缺少的诊断方法。超声波诊断的优点是：对受检者无痛苦、无损害、方法简便、显像清晰、诊断的准确率高等。因而推广容易，受到医务工作者和患者的欢迎。超声波诊断可以基于不同的医学原理，我们来看看其中有代表性的一种所谓的A型方法。这个方法是利用超声波的反射，当超声波在人体组织中传播遇到两层声阻抗不同的介质界面时，在该界面就产生反射回声。每遇到一个反射面时，回声在示波器的屏幕上就会显示出来，而两个界面的阻抗差值也就决定了回声振幅的高低。

图6-15　医用超声波传感技术外形图

（二）工业应用

图6-16所示为工业用超声波传感器，在工业方面，超声波的典型应用是对金属的无损探伤和超声波测厚两种。过去，许多技术因为无法探测到物体组织内部而受到阻碍，超声波传感技术的出现改变了这种状况。当然更多的超声波传感器是固定地安装在不同的装置上，“悄无声息”地探测人们所需要的信号。在未来的应用中，超声波将与信息技术、新材料技术结合起来，将出现更多智能化、高灵敏度的超声波传感器。

图6-16　工业用超声波传感器

（三）液位测试

超声波测量液位的基本原理是：由超声探头发出的超声脉冲信号，在气体中传播，遇到气体与液体的交界面后被反射，接收到回波信号后计算超声波往返的传播时间，即可换算出距离或液位高度。超声波测量方法有很多其他方法不可比拟的优点：

（1）无任何机械传动部件，也不接触被测液体，属于非接触式测量，不怕电磁干扰、不怕酸碱等强腐蚀性液体等，因此性能稳定、可靠性高、寿命长。

（2）响应时间短，可以方便地实现无滞后的实时测量。

系统采用的超声波传感器的工作频率为40kHz左右。由发射传感器发出超声波脉冲传到液面经反射后返回接收传感器，测出超声波脉冲从发射到接收所需的时间，根据媒质中的声速，就能得到从传感器到液面之间的距离，从而确定液位。考虑到环境温度对超声波传播速度的影响，通过温度补偿的方法对传播速度予以校正，以提高测量精度。其计算公式为：

$$V=331.5+0.607T \tag{6-2}$$

式中　V——超声波在空气中传播速度（m/s）；

T——环境温度（℃）。

$$S = V \times t / 2 = V \times (t_1 - t_0) / 2 \qquad (6\text{-}3)$$

式中　S——被测距离（m）；

t——发射超声脉冲与接收其回波的时间差（s）；

t_1——超声回波接收时间（s）；

t_0——超声脉冲发射时间（s）。

利用单片机（MCU）的捕获功能可以很方便地测量t_0时刻和t_1时刻，根据以上公式，用软件编程即可得被测距离S。由于本系统的MCU选用了具有SOC（片上系统）特点的混合信号处理器，其内部集成了温度传感器，因此可利用软件很方便地实现对传感器的温度补偿。

四、超声波距离传感器技术具体应用

超声波距离传感器可以广泛应用在物位（液位）监测、机器人防撞、各种超声波接近开关，以及防盗报警等相关领域，工作可靠，安装方便，防水，发射夹角较小，灵敏度高，方便与工业显示仪表连接，也能提供发射夹角较大的探头。

人们听到的声音是由物体振动产生的，其频率为20Hz～20kHz，低于20Hz称为次声波，超过20kHz称为超声波，常用的超声波频率为几十千赫兹到几十兆赫兹。

超声波是一种在弹性介质中的机械振荡波，有两种形式：横向振荡波（横波）及纵向振荡波（纵波）。在工业中的应用主要采用纵向振荡波。超声波可以在气体、液体及固体中传播，其传播速度不同。另外，它也有折射和反射现象，并且在传播过程中有衰减。在空气中传播超声波，其频率较低，一般为几十千赫兹，而在固体、液体中频率较高。在空气中衰减较快，而在液体及固体中传播衰减较小，传播较远。利用超声波的特性，可做成各种超声波传感器，配上不同的电路，制成各种超声测量仪器及装置，并在通讯，医疗、家电等各方面得到广泛应用。

超声波传感器主要材料有压电晶体（电致伸缩）及镍铁铝合金（磁致伸缩）两类。压电晶体的材料有锆钛酸铅（PZT）等。压电晶体组成的超声波传感器是一种可逆传感器，它可以将电能转变成机械振荡而产生超声波，同时它接收到超声波时，也能转变成电能，所以它可以分成发送器或接收器。有的超声波传感器既作发送，也作接收。这里仅介绍小型超声波传感器，发送与接收略有差别，它适用于在空气中传播，工作频率一般为23～25kHz及40～45kHz。这类传感器适用于测距、遥控、防盗等用途，具体有T/R-40-16、T/R-40-12等（其中T表示发送，R表示接收，40表示频率为40kHz，16及12表示其外径尺寸，以mm计）；另有一种密封式超声波传感器为MA40EI型。密封式超声波传感器的特点是具有防水作用（但不能放入水中），可以作料位及接近开关用，性能较好。超声波的应用有三种基本类型，透射型用于遥控器、防盗报警器、自动门、接近开关等；分离式反射型用于测距、液位或料位；反射型用于材料探伤、测厚等。

超声波传感器由发送传感器（或称波发送器）、接收传感器（或称波接收器）、控制部分与电源部分组成。发送传感器由发送器与直径为15mm左右的陶瓷振子换能器组成。换能器作用是将陶瓷振子的电振动能量转换成超能量并向空中辐射。接收传感器由陶瓷振子换能器与放大电路组成，换能器接收波产生机械振动，将其变换成电能量，作为传感器接收器的输出，从而对发送的超声波进行检测。而实际使用中，发送传感器的陶瓷振子也可以用作接收传感器的陶瓷振子。控制部分主要对发送器发出的脉冲链频率、占空比和稀疏调制以及计数和探测距离等进行控制。

超声波传感器的电源（或称信号源）可用 DC12V ± 10 % 或 24V ± 10 % 。

思考与练习

一、填空题

1. 气体传感器的种类很多，按照其工作机理的不同可分为__________、__________、________、________和________。

2. 气体传感器是利用气敏元件同气体接触后其特性发生变化的机理来检测气体____________或________的传感器。

3. 半导体气敏材料分为________型和________型两种

4. QM—N5 型可燃气体传感器适用于对可燃气体的检测、检漏、监控等设备中作传感器件，具有________、________、________、________等优点。

5. 压电传感器是一种____________传感器。它既可以将机械能转化为电能，又可以将电能转化为机械能。压电传感器是以具有________的压电器件为核心组成的传感器。

6. 所谓压电效应是指某些电介质在受到某一方向的外力作用而发生________（包括弯曲和伸缩形变）时，由于内部电荷的________现象，会在其表面产生电荷的现象。

7. 超声波是一种振动频率高于声波的机械波，由换能晶片在________的激励下发生振动产生的，它具有频率高、波长短、绕射现象小、方向性特别好、能够成为射线定向传播等特点。

8. 超声波是一种在弹性介质中的机械振荡波，有两种形式：________及________。

二、选择题

1. 检测气体传感器的方法有(　　)。

①电阻测量法　②电压测量法　③电流测量法　④磁力测量法

A. ①②③　　B. ①③④

C. ③④　　D. ①②

2. QM—N5 型可燃气体传感器可以检测哪些气体？(　　)。

① 天然气　② 煤气　③ 氢气　④ 一氧化碳　⑤ 液化石油气　⑥ 烷烃

A. ①②③　　B. ①②③④

C. ②③④　　D. 以上都可以

3. 压电传感器可以应用到哪些场合？(　　)。

① 用于减振降噪　② 用于结构静变形控制　③ 用于检测物体释放　④ 用于车辆行驶称重

A. ①②③　　B. ①②④

C. ③④　　D. ①③④

4. 超声波对液体、固体的穿透本领很大，尤其是在阳光不透明的固体中，它可穿透(　　)的深度。

A. 几米　　B. 几十米

C. 几百米　　D. 几千米

三、简答题

1. 气体传感器的作用是什么？气体传感器有哪些分类？
2. 气体传感器的应用场合。
3. 压电传感器有哪些分类？压电传感器可以应用于哪些场合？
4. 超声波传感器有哪些分类？超声波传感器可以应用于哪些场合？

项目七 典型工业机器人传感器系统

随着工业机器人承担着日趋复杂的作业任务，其所需传感器的品种会越来越多，且功能要求也会越来越强大，除采用传统的位置、速度、加速度等传感器外，还会应用触觉、视觉、力觉等传感器。多传感器融合技术在产品化系统中已经得到广泛应用。

本项目主要介绍装配工业机器人传感器系统和焊接工业机器人传感器系统。

7.1 装配工业机器人传感器系统

现在，越来越多的工业机器人正进入装配工作领域，主要任务是销、轴、螺钉和螺栓等零部件的装配工作。为了使被装配的零件获得对应的装配位置，采用视觉系统选择合适的装配零件，并对它们进行粗定位，机器人触觉系统能够自动校正装配位置。装配工业机器人由于其装配过程的复杂性，不仅要检测装配作业过程中的误差，而且要试图纠正这种误差，因此要求装配工业机器人要有较高的位姿精度，手腕具有较大的柔性。装配工业机器人使用多种传感器，如触觉传感器、视觉传感器、接近觉传感器、听觉传感器等。

一、位姿传感器

（一）远程中心柔顺（RCC）装置

远程中心柔顺装置不是实际的传感器，而是在发生错位时起到感知设备的作用，并为机器人提供修正措施。RCC装置完全是被动的，没有输入和输出信号，也称被动柔顺装置。

RCC装置是机器人腕关节和末端执行器之间的辅助装置，使机器人末端执行器在需要的方向上增加局部柔顺性，而不会影响其他方向的精度。

图7-1所示为RCC装置的原理示意图，它由两块刚性金属板组成，其中剪切柱在提供横侧向柔顺的同时，还需保持轴向的刚度。实际上，一种装置若只在横侧向和轴向或者在弯曲和翘起方向提供一定的刚性（或柔性），它必须根据需要来进行选择。每种装置都有一个给定中心到中心的距离，此距离决定远程柔顺中心相对于柔顺装置中心的位置。因此，如果有多个零件或许多操作则需有多个RCC装置，并要分别选择。

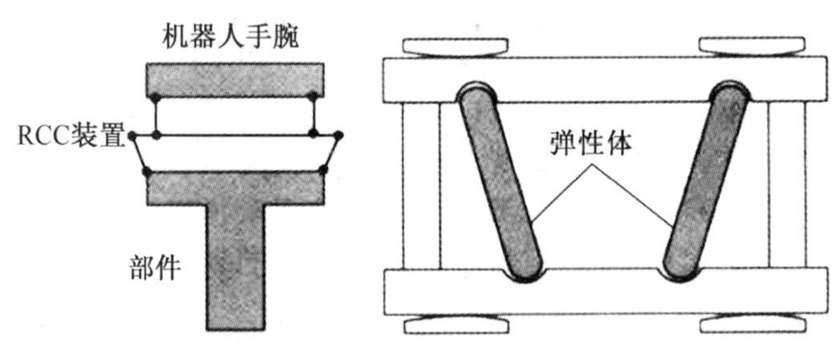

图7-1　RCC装置原理示意图

RCC装置的实质是它的机械手夹持器具有多个自由度弹性装置，通过选择和改变弹性体的刚度可获得不同程度的适从性。

RCC部件间的失调引起转矩和力，通过RCC装置中不同类型的位移传感器可获得跟转矩和力成比例的电信号，使用该电信号作为力或力矩反馈的RCC，称IRCC（Instrument Remote Control Centre），Barry Wright公司的6轴IRCC提供跟3个力和3个力矩成比例的

电信号，内部的微处理器、低通滤波器以及12位数模转换器，可以输出数字和模拟信号。

（二）主动柔顺装置

主动柔顺装置根据传感器反馈的信息对机器人末端执行器或工作台进行调整，补偿装配件间的位置偏差。根据传感方式的不同，主动柔顺装置可分为基于力传感器的柔顺装置、基于视觉传感器的柔顺装置和基于接近觉传感器的柔顺装置。

1. 基于力传感器的柔顺装置。使用力传感器的柔顺装置的目的，一方面是有效控制力的变化范围，另一方面是通过力传感器的反馈信息来感知位置信息，进行位置控制。就安装部位而言，力传感器可分为关节力传感器、腕力传感器和指力传感器。关节力传感器使用应变片进行力反馈，由于力反馈是直接加在被控关节上的，且所有的硬件用模拟电路实现，避开了复杂计算难题，响应速度快。腕力传感器安装于机器人与末端执行器的连接处，它能够获得机器人实际操作时的大部分力信息，精度高，可靠性好，使用方便。常用的结构包括十字梁式、轴架式和非径向三梁式，其中十字梁结构应用最为广泛。指力传感器，一般通过应变片测量而产生多维力信号，常用于小范围作业，精度高，可靠性好，但多指协调复杂。

2. 基于视觉传感器的柔顺装置。基于视觉传感器的主动适从位置调整方法是通过建立以注视点为中心的相对坐标系，对装配件之间的相对位置关系进行测量，测量结果具有相对的稳定性，其精度与摄像机的位置相关。螺纹装配采用力和视觉传感器，建立一个虚拟的内部模型，该模型根据环境的变化对规划的机器人的运动轨迹进行修正；轴孔装配采用二维PSD传感器来实时检测孔的中心位置及其所在平面的倾斜角度，PSD上的成像中心即为检测孔的中心。当孔倾斜时，PSD上所成的像为椭圆，通过与正常没有倾斜的孔所成图像的比较就可获得被检测孔所在平面的倾斜度。

3. 基于接近觉传感器的柔顺装置。装配作业需要检测机器人末端执行器与环境的位姿，多数采用光电接近觉传感器。光电接近觉传感器具有测量速度快、抗干扰能力强、测量点小和使用范围广等优点。用一个光电传感器不能同时测量距离和方位的信息，往往需要用两个以上的传感器来完成机器人装配作业的位姿检测。

（三）光纤位姿偏差传感系统

图7-2所示为集螺纹孔方向偏差和位置偏差检测于一体的位姿偏差传感系统原理示意图。该系统采用多路单纤传感器，光源发出的光经1×6光纤光分路器，分成6路光信号进入6个单纤传感器，单纤传感器同时具有发射和接收功能。

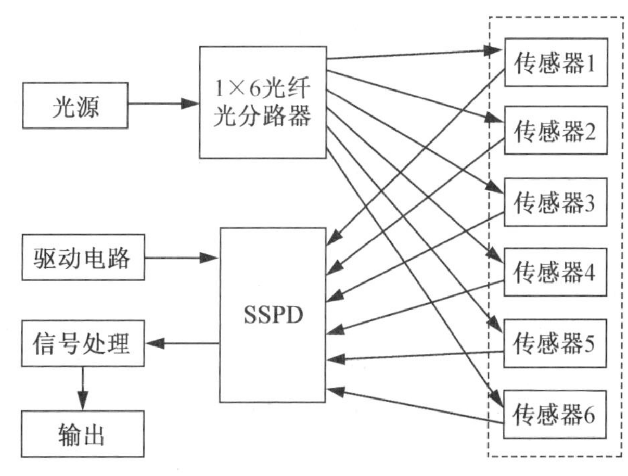

图7-2　位姿偏差传感系统原理示意图

传感器采用反射式强度调制传感方式，反射光经光纤按一定方式排列，由固体二极管阵列SSPD光敏器件接收，最后进入信号处理。3个检测螺纹孔方向的传感器（1、2、3）分布在螺纹孔边缘圆周（2～3cm）上，传感器4、5、6检测螺纹位置，垂直指向螺纹孔倒角锥面，其传感点2、3、5、6与传感点1、4垂直。

（四）电涡流位姿检测传感系统

电涡流位姿检测传感系统是通过传感器构成的测量坐标系和测量体坐标系之间的相对坐标变换关系来确定位姿的。当测量体安装在机器人末端执行器上时，通过比较测量体的相对位姿参数的变化量，可完成对机器人的位姿精度检测。图7—3所示为位姿检测传感系统方框图。检测信号经过滤波、放大、A/D变换送入计算机进行数据处理，计算出位姿参数。

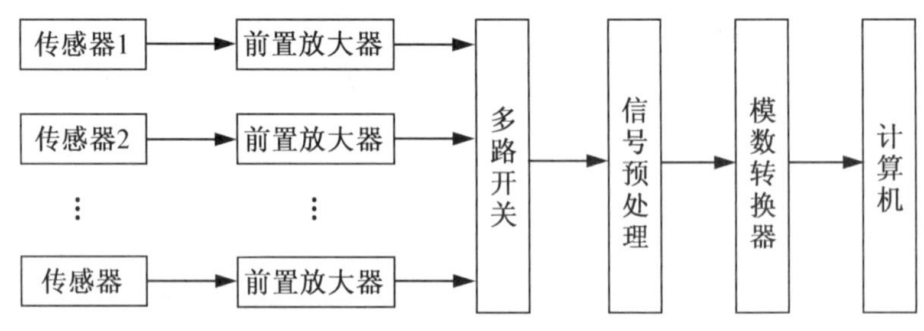

图7-3　位姿检测传感系统方框图

为了能用测量信息计算出相对位姿，由6个电涡流传感器组成的特定空间结构来提供位姿和测量数据。传感器的测量空间结构如图7-4所示，由6个传感器构成3维测量坐标系，其中传感器1、2、3对应测量面xOy，传感器4、5对应测量面xOz，传感器6对应测量面yOz，每个传感器在坐标系中的位置固定，这6个传感器所标定的测量范围就是该测量系统的测量范围。当测量体相对于测量坐标系发生位姿变化时，电涡流传感器的输出信号会随测量距离成比例变化。

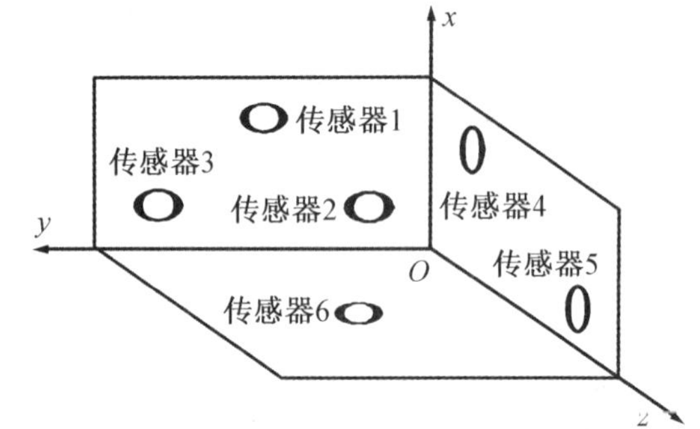

图7-4　传感器的测量空间结构示意图

二、柔性腕力传感器

装配工业机器人在作业过程中需要与周围环境接触，在接触的过程中往往存在力和速度的不连续问题。腕力传感器安装在机器人手臂和末端执行器之间，更接近力的作用点，受其他附加因素的影响较小，可以准确地检测末端执行器所受外力/力矩的大小和方向，为机器人提供力感信息，有效地扩展了机器人的作业能力。

柔性腕力传感器将柔性手腕与腕力传感器有机地结合在一起，不但可以为机器人提供力/力矩信息，而且本身又是柔顺装置，可以产生被动柔顺，吸收机器人产生的定位误差，保护机器人、末端操作器和作业对象，提高机器人的作业能力。

柔性腕力传感器一般由固定体、移动体和连接二者的弹性体组成。固定体和机器人的手腕连接，移动体和末端执行器相连接，弹性体采用矩形截面的弹簧，其柔顺功能就由能产生弹性变形的弹簧完成。柔性腕力传感器利用测量弹性体在力/力矩的作用下产生的变形量来计算力/力矩。柔性腕力传感器的结构和工作原理如图7-5所示，柔性腕力传感器的内环相对于外环位置姿态的测量采用非接触式测量。传感元件由6个均布在内环上的红外发光二极管（LED）和6个均布在外环上的线型位置敏感元件（PSD）构成。PSD通过输出模拟电流信号来反映照射在其敏感面上的光点位置，具有分辨率高、信号检测电路简单、响应速度快等优点。为了保证LED发出的红外光形成一个光平面，在每一个LED的前方安装了一个狭缝，狭缝按照垂直和水平方式间隔放置，与之对应的线型PSD则按照与狭缝相垂直的方式放置。6个LED所发出的红外光通过其前端的狭缝形成6个光平面Oi,（i=1, 2, …, 6），与6个相应的线型Li（i=1, 2, …, 6）形成6个交点位置发生变化，引起PSD的输出变化。根据当内环相对于外环移动时PSD输出信号的变化，可以求得内环相对于外环的位置和姿态。内环的运动将引起连接弹簧的相应变形，考虑到弹簧的作用力与形变的线性关系，可以通过内环相对于外环的位置和姿态关系计算出内环上所受到的力和力矩的大小，从而完成柔性腕力传感器的位姿和力/力矩的同时测量。

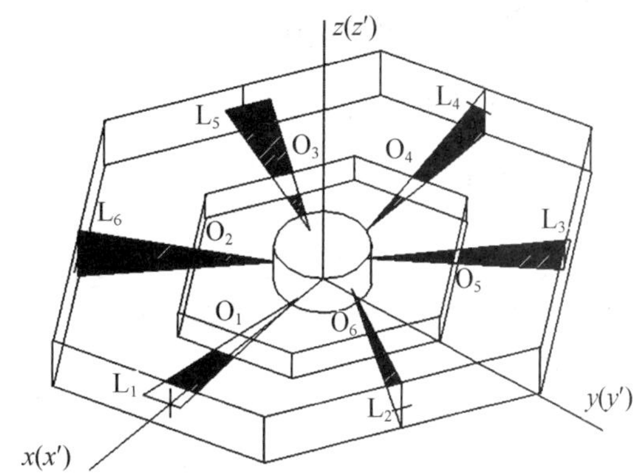

图7-5　柔性腕力传感器的结构和工作原理示意图

三、工件识别传感器

工件识别（测量）的方法有接触识别、采样式测量、邻近探测、距离测量、机械视觉识别等。

1. 接触识别。在一点或几点上接触测量，这种测量一般精度不高。

2. 采样式测量。在一定范围内连续测量，如测量某一目标的位置、方向和形状。在装配过程中力和力矩的测量都可以采用这种方法，这些物理量的测量对于装配过程非常重要。

3. 邻近探测。邻近探测属非接触测量，测量在附近范围内是否有目标存在。一般安装在机器人的抓钳内侧，探测被抓的目标是否存在以及方向、位置是否正确。测量原理可以是气动的、声学的、电磁的和光学的。

4. 距离测量。距离测量也属非接触测量，测量某一目标到某一基准点的距离。例如，一只装在抓钳内的超声波传感器就可以进行这种测量。

5. 机械视觉识别。可以测量某一目标相对于一基准点的位置方向和距离。

图7-6所示为机械视觉识别，①使用探针矩阵对工件进行粗略识别；②使用直线性测量传感器对工件进行边缘轮廓识别；③使用点传感技术对工件进行特定形状识别。

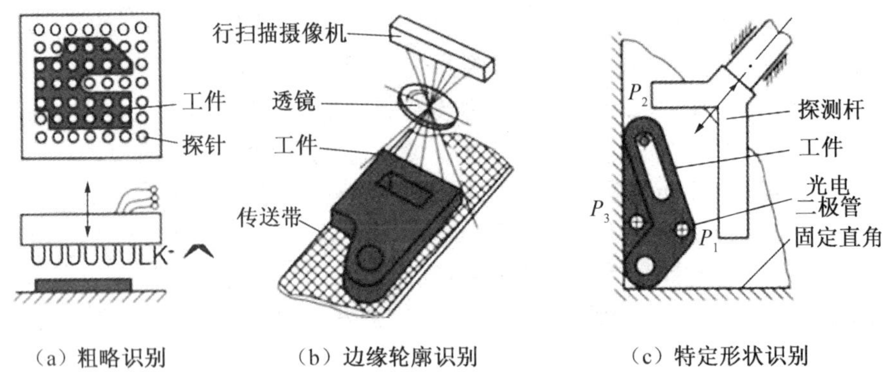

（a）粗略识别　（b）边缘轮廓识别　（c）特定形状识别

图7-6　机械视觉识别示意图

四、视觉传感器系统

（一）视觉传感系统组成

装配过程中，机器人使用视觉传感系统可以完成零件平面测量、字符识别（文字、条码、符号等）、完善性检测、表面检测（裂纹、刻痕、纹理）和三维测量。类似人的视觉系统，机器人的视觉系统是通过图像和距离等传感器来获取环境对象的图像、颜色和距离等信息，然后传递给图像处理器，利用计算机从二维图像中理解和构造出三维世界的真实模型。

图7-7所示为机器人视觉传感系统的原理方框图，摄像机获取环境对象的图像，经A/D转换器转换成数字量，从而变成数字化图形。通常一幅图像划分为512×512或者256×256，各点亮度用8位二进制表示，即可表示256个灰度。图像输入以后进行各种处理、识别以及理解，另外通过距离测定器得到距离信息，经过计算机处理得到物体的空间位置和方位；通过彩色滤光片得到颜色信息。上述信息经图像处理器进行处理，提取特征，处理的结果再输给机器人，以控制它进行动作。另外，作为机器人的眼睛不但要对所得到的图像进行静止处理，而且要积极地扩大视野，根据所观察的对象控制眼睛的焦距和光圈。因此，机器人视觉系统还应具有调节焦距、光圈、放大倍数和摄像机角度的装置。

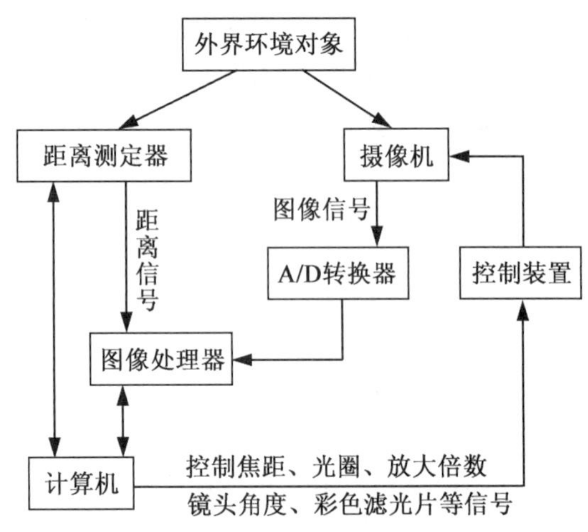

图7-7　机器人视觉传感系统的原理方框图

（二）图像处理过程

视觉系统首先要做的工作是摄入实物对象的图形，即解决摄像机的图像生成模型。其包含两个方面的内容：一是摄像机的几何模型，即实物对象从三维景物空间转换到二维图像空间，关键是确定转换的几何关系；二是摄像机的光学模型，即摄像机的图像灰度

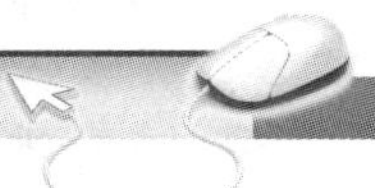

与景物间的关系。由于图像的灰度是摄像机的光学特性、物体表面的反射特性、照明情况、景物中各物体的分布情况（产生重复反射照明）的综合结果，所以从摄入的图像分解出各因素，此过程是不容易的，视觉系统要对摄入的图像进行处理和分析。摄像机捕捉到的图像不一定是图像分析程序可用的格式，有些需要进行改善以消除噪声，有些则需要简化，还有的需要增强、修改、分割和滤波等。图像处理指的就是对图像进行改善、简化、增强或者其他变换的程序和技术的总称。图像分析是对一幅捕捉到的并经过处理后的图像进行分析，从中提取图像信息，辨识或提取关于物体或周围环境的特征。

（三）Consight-I视觉系统

图7-8所示的Consight-I视觉系统，用于美国通用汽车公司的制造装置中，能在噪声环境下利用视觉识别抓取工件。

该系统为了从零件的外形获得准确、稳定的识别信息，巧妙地设置了照明光，从倾斜方向向传送带发送两条窄条缝隙光，用安装在传送带上方的固态线性摄像机摄取图像，而且预先把两条缝隙光调整到刚好在传送带上重合的位置。这样，当传送带上没有零件时，缝隙光合成了一条直线；当零件随传送带通过时，缝隙光变成两条线，其分开的距离同零件的厚度成正比。由于光线的分离之处正好就是零件的边界，所以利用零件在传感器下通过的时间就可以得出准确的边界信息。主计算机可处理装在机器人工作位置上方的固态线性摄像机所检测的工件，有关传送带速度的数据也送到计算机中处理。当工件从视觉系统位置移动到机器人工作位置时，计算机利用视觉和速度数据确定工件的位置、取向和形状，并把这种信息经接口送到机器人控制器。根据这种信息，工件仍在传送带上移动时，机器人便能成功地接近并拾取工件。

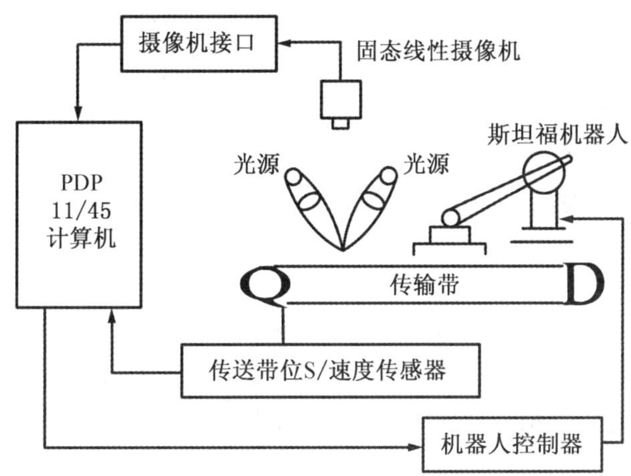

图7-8　Consight-I视觉系统示意图

五、多传感器信息融合装配机器人

自动生产线上，被装配的工件初始位置时刻在变动，属于环境不确定的情况，机器人要进行工件抓取或装配时使用力和位置的混合控制是不可行的，故一般使用位置、力反馈和视觉融合的控制来进行工件抓取或装配工作。

多传感器信息融合装配系统的末端执行器由CCD视觉传感器、超声波传感器、柔顺腕力传感器及相应的信号处理单元等构成。CCD视觉传感器安装在末端执行器上，构成手眼视觉；超声波传感器的接收和发送探头也固定在机器人末端执行器上，由CCD视觉传感器获取待识别和抓取物体的二维图像，并引导超声波传感器获取深度信息；柔顺腕力传感器安装于机器人的腕部。多传感器信息融合装配系统结构方框图如图7-9所示。

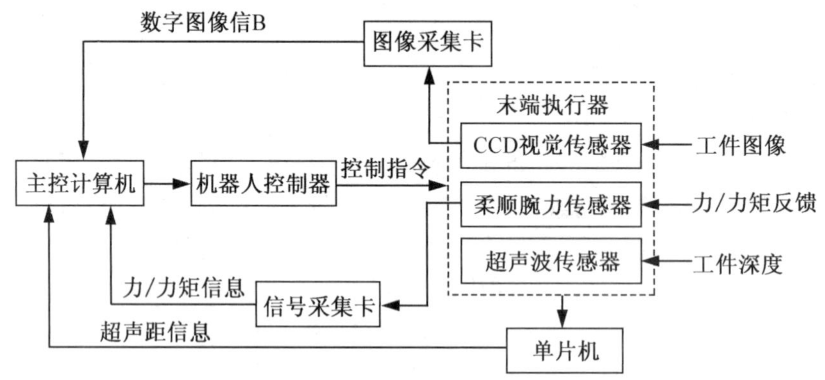

图7-9　多传感器信息融合装配系统结构方框图

图像处理主要完成对物体外形的准确描述，包括图像边缘提取、周线跟踪、特征点提取、曲线分割及分段匹配、图形描述与识别。CCD视觉传感器获取的物体图像经处理后，可提取对象的某些特征，如物体的形心坐标、面积、曲率、边缘、角点及短轴方向等，根据这些特征信息，可得到对物体外形的基本描述。由于CCD视觉传感器获取的图像不能反映工件的深度信息，因此对于二维图形相同仅高度略有差异的工件，只用视觉信息不能正确识别。在图像处理的基础上，由视觉信息引导超声波传感器对待测点的深度进行测量，获取物体的深度（高度）信息，或沿工件的待测面移动，超声波传感器不断采集距离信息，扫描得到距离曲线，根据距离曲线分析出工件的边缘或外形。计算机将视觉信息和深度信息融合后，进行图像匹配、识别，并控制机械手以合适的位姿准确地抓取物体。

安装在机器人末端执行器上的超声波传感器由发射和接收探头构成，根据声波反射原理，检测由待测点反射回的声波信号经处理后得到工件的深度信息。为了提高检测精度，在接收单元电路中，采用可变阈值检测、峰值检测、温度补偿和相位补偿等技术，可获得较高的检测精度。

柔顺腕力传感器测试末端执行器所受力/力矩的大小和方向，从而确定末端执行器的运动方向。

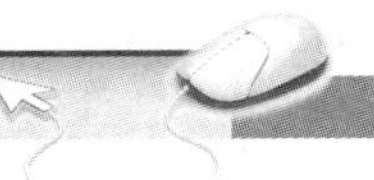

7.2 焊接工业机器人传感器系统

焊接工业机器人传感器必须精确地检测出焊缝（坡口）的位置和形状信息，然后传送给控制器进行处理。随着大规模集成电路、半导体技术、光纤及激光等的迅速发展，促进了焊接技术向自动化、智能化方向发展，并出现了多种用于焊缝跟踪的传感器，它们主要是检测电磁、机械等各物理量的传感器。在电弧焊接的过程中，存在强烈的弧光、电磁干扰以及高温辐射、烟尘、飞溅等现象，伴随着传热介质和物理化学冶金反应，工件会产生热变形，因此用于电弧焊接的传感器必须具有很强的抗干扰能力。

弧焊用传感器可分为直接电弧式、接触式和非接触式三大类。按工作原理可分为机械、机电、电磁、电容、射流、超声波、红外、光电、激光、视觉、电弧、光谱及光纤式等；按用途可分为焊缝跟踪、焊接条件控制（熔宽、熔深、熔透、成形面积、焊速、冷却速度和干伸长）及其他，如温度分布、等离子体粒子密度、熔池行为等。根据日本焊接技术学会所做的调查显示，在日本、欧洲及其他发达国家，用于焊接过程的传感器有80%是用于焊缝跟踪的。目前我国用得较多的是电弧式、机械式和光电式。

一、电弧传感系统

（一）摆动电弧传感器

电弧传感器是从焊接电弧自身直接提取焊缝位置偏差信号，实时性好，不需要在焊枪上附加任何装置，焊枪运动的灵活性和可达性最好，尤其符合焊接过程低成本、自动化的要求。

摆动电弧传感器的基本工作原理：当电弧位置变化时，电弧自身电参数相应发生变化，从中反应出焊枪导电嘴至工件坡口表面距离的变化量，进而根据电弧的摆动形式及焊枪与工件的相对位置关系，推导出焊枪与焊缝间的相对位置偏差量。其电参数的静态变化和动态变化都可以作为特征信号被提取出来，实现相对位置高低及水平两个方向的跟踪控制。

目前广泛采用测量焊接电流I、电弧电压U和送丝速度v的方法来计算工件与焊丝之间的距离$H=f(I, U, v)$，并应用模糊控制技术实现焊缝跟踪。摆动电弧传感器结构简单、响应速度快，主要适用于对称侧壁的坡口（如V形坡口），而对于那些无对称侧壁或根本就无侧壁的接头形式，如搭接接头、不开坡口的对接接头等形式，现有的摆动电弧传感器则不能识别。

（二）旋转电弧传感器

摆动电弧传感器的摆动频率一般只能达到5Hz，限制了电弧传感器在高速和薄板搭接接头焊接中的应用。与摆动电弧传感器相比，旋转电弧传感器的高速旋转增加了焊枪位置偏差的检测灵敏度，极大地改善了跟踪的精度。高速旋转扫描电弧传感器结构如图

7-10所示，采用空心轴电动机直接驱动，在空心轴上通过同轴安装的同心轴承支承导电杆，在空心轴的下端偏心安装调心轴承，导电杆安装于该轴承内孔中，偏心量用滑块来调节。当电动机转动时，下调心轴承将拨动导电杆作为圆锥母线绕电动机轴线公转，即圆锥摆动。气、水管线直接连接到下端，焊丝连接到导电杆的上端。高速旋转扫描电弧传感器为递进式光电码盘，利用分度脉冲进行电动机转速闭环控制。

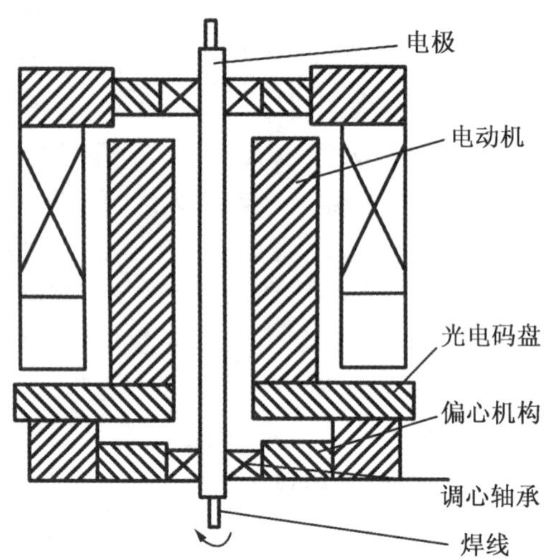

图7-10　高速旋转扫描电弧传感器结构示意图

在弧焊机器人的第六个关节上安装一焊炬夹持件，将原来的焊炬卸下，把高速旋转扫描电弧传感器安装在焊炬夹持件上。焊缝纠偏系统如图7-11所示，高速旋转扫描电弧传感器的安装姿态与原来的焊炬姿态一样，即焊丝端点的参考点的位置及角度保持不变。

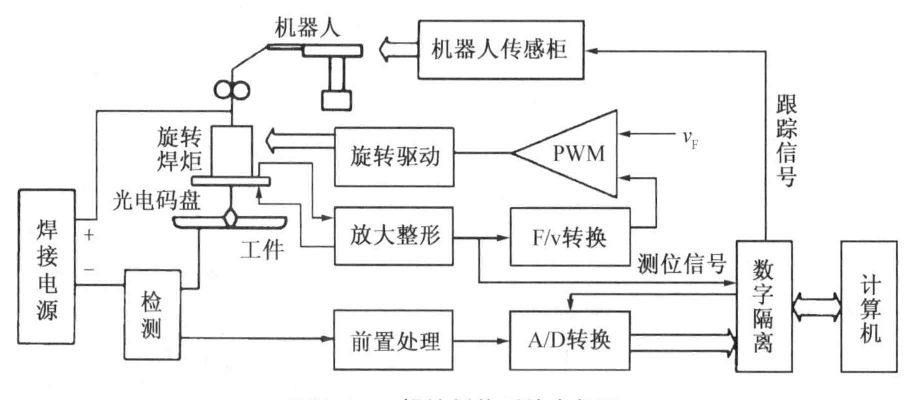

图7-11　焊缝纠偏系统方框图

（三）电弧传感器的信号处理

电弧传感器的信号处理主要采用极值比较法和积分差值法，在比较理想的条件下可得到满意的结果，但在非V形坡口及非射流过渡焊时，坡口识别能力差、信噪比低，应用遇到很大困难。为进一步扩大电弧传感器的应用范围、提高其可靠性，在建立传感器物

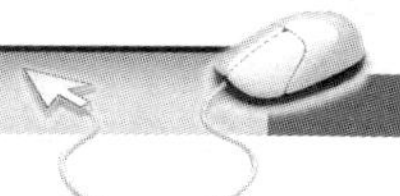

理数学模型的基础上，利用数值仿真技术，采取空间变换，利用特征谐波向量作为偏差大小及方向的判断依据。

二、超声波传感跟踪系统

超声波传感跟踪系统中使用的超声波传感器分两种类型：接触式超声波传感器和非接触式超声波传感器。

（一）接触式超声波传感器

接触式超声波传感跟踪系统原理示意图如图7-12所示，两个超声波探头置于焊缝两侧且距焊缝距离相等的位置。两个超声波传感器同时发出具有相同性质的超声波，根据接收超声波的声程来控制焊接熔深；比较两个超声波的回波信号，确定焊缝的偏离方向和大小。

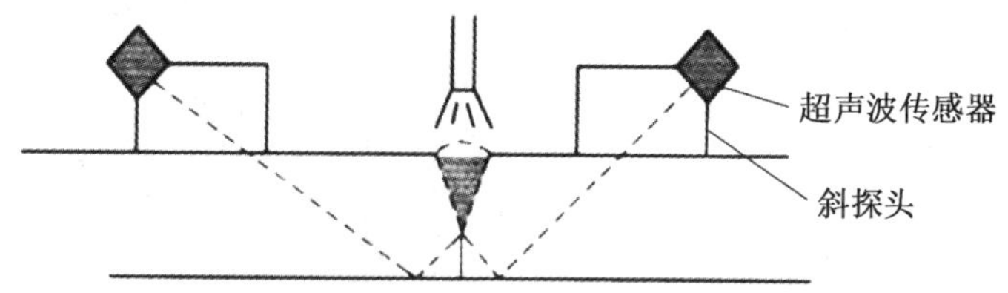

图7-12　接触式超声波传感跟踪系统原理示意图

（二）非接触式超声波传感器

非接触式超声波传感跟踪系统中使用的超声波传感器分聚焦式和非聚焦式，两种传感器的焊缝识别方法不同。聚焦超声波传感器是在焊缝上方以左右扫描的方式检测焊缝，而非聚焦超声波传感器是在焊枪前方以旋转的方式检测焊缝。

1. 非聚焦超声波传感器。非聚焦超声波传感器要求焊接工件能在45°方向反射回波信号，焊缝的偏差在超声波声束的覆盖范围内，适用于V形坡口焊缝和搭接接头焊缝。图7-13所示为P-50机器人焊缝跟踪装置，超声波传感器位于焊枪前方的焊缝上面，沿垂直于焊缝的轴线旋转，超声波传感器始终与工件呈45°，旋转轴的中心线与超声波声束中心线交于工件表面。

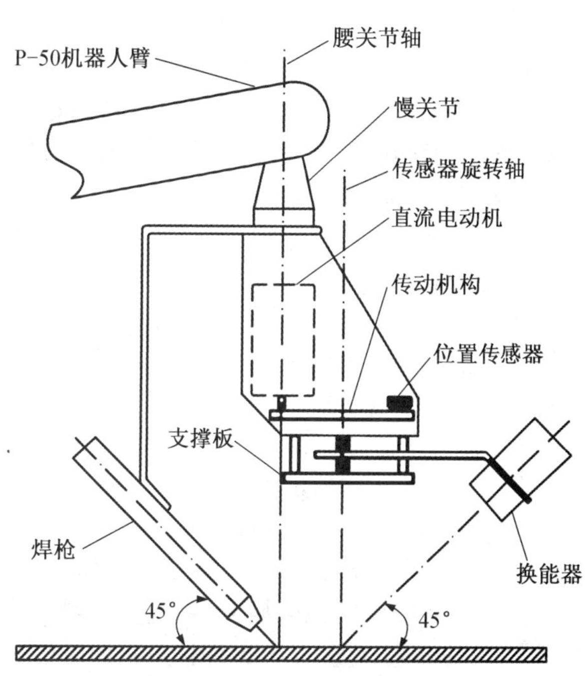

图7-13　P-50机器人焊缝跟踪装置示意图

焊缝几何偏差示意图如图7-14所示，传感器的旋转轴位于焊枪正前方，代表焊枪的即时位置。超声波传感器在旋转过程中总有一个时刻超声波声束处于坡口的法线方向，此时传感器的回波信号最强，而且传感器和其旋转的中心轴线组成的平面恰好垂直于焊缝方向，焊缝的偏差可以表示为：

$$d = r - \sqrt{(R-D)^2 - h^2} \tag{7-1}$$

式中 d——焊缝偏差（mm）；

r——超声波传感器的旋转半径（mm）；

R——传感器检测到的探头和坡口间的距离（mm）；

D——坡口中心线到旋转中心线间的距离（mm）；

h——传感器到工件表面的垂直高度（mm）。

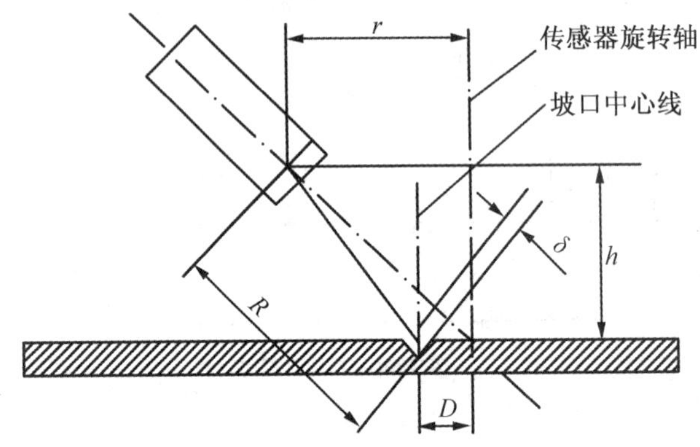

图7-14　焊缝几何偏差示意图

2. 聚焦超声波传感器。与非聚焦超声波传感器相反，聚焦超声波传感器采用扫描焊缝的方法检测焊缝偏差，不要求这个焊缝笼罩在超声波的声束之内，而将超声波声束聚焦在工件表面，声束越小，检测精度越高。超声波传感器发射信号和接收信号的时间差作为焊缝的纵向信息，通过计算超声波从传感器发射到接收的声程时间f_s可以得到传感器与焊件之间的垂直距离H，从而实现焊炬与工件高度之间距离的检测。焊缝左右偏差的检测，通常采用寻棱边法，其基本原理是在超声波声程检测原理基础上，利用超声波反射原理进行检测信号的判别和处理。当声波遇到工件时会发生反射，而当声波入射到工件坡口表面时，由于坡口表面与入射波的角度不是90°，因此其反射波就很难返回到传感器，也就是说，传感器接收不到回波信号，利用声波的这一特性，就可以判别是否检测到了焊缝坡口的边缘。焊缝左右偏差检测原理如图7-15所示。

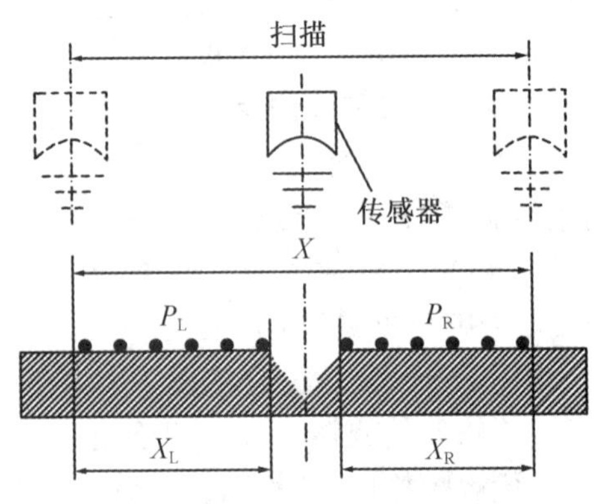

图7-15　焊缝左右偏差检测原理示意图

假设传感器从左向右扫描，在扫描过程中可以检测到一系列传感器与焊件表面之间的垂直高度。假设H_i为传感器扫描过程中测得的第i点的垂直高度，H_o为允许偏差。如果满足：

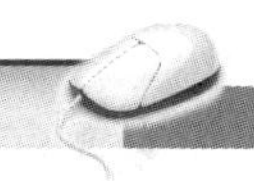

$$|H_i - H_0| < \Delta H \quad (7\text{-}2)$$

则得到的是焊道坡口左边钢板平面的信息。当传感器扫描到焊缝坡口左棱边时，会出现两种情况，第一种情况是传感器检测不到垂直高度H，这是因为对接V形坡口斜面把超声回波信号反射出探头所能检测的范围；第二种情况是该点高度偏差大于允许偏差，即

$$|\Delta y| - |H - H_0| \geqslant \Delta H \quad (7\text{-}3)$$

并且有连续D个点没有检测到垂直高度或能满足上式，则说明检测到了焊道的左侧棱边。

在此之前传感器在焊缝左侧共检测到P_L个超声回波。当传感器扫描到焊缝坡口右边工件表面时，超声波传感器又接收到回波信号或者检测高度的偏差满足式（7-4），并有连续D个检测点满足此要求，则说明传感器已检测到了焊缝坡口右侧棱边。

$$|\Delta y| - |H_i - H_0| \leqslant \Delta H \quad (7\text{-}4)$$

当传感器扫描到右边终点时，采集到的右侧水平方向的检测点共h个点。根据P_h可算出焊炬的横向偏差方向及大小。控制、调节系统根据检测到的横向偏差的大小、方向进行纠偏调整。

三、视觉传感跟踪系统

在弧焊过程中，由于存在弧光、电弧热、飞溅以及烟雾多种强烈的干扰，这是使用视觉传感方法首先需要解决的问题。在弧焊机器人中，根据使用的照明光的不同，可以把视觉方法分为“被动视觉”和“主动视觉”两种。这里被动视觉，指利用弧光或普通光源和摄像机组成的系统；而主动视觉，一般指使用具有特定结构的光源与摄像机组成的视觉传感系统。

1. 被动视觉。在大部分被动视觉方法中电弧本身就是监测位置，所以没有因热变形等因素所引起的超前检测误差，并且能够获取接头和熔池的大量信息，这对于焊接质量自适应控制非常有利。但是，直接观测法容易受到电弧的严重干扰，信息的真实性和准确性有待提高。它较难获取接头的三维信息，也不能用于埋弧焊。

2. 主动视觉。为了获取接头的三维轮廓，人们研究了基于三角测量原理的主动视觉方法。由于采用的光源能量大多比电弧的能量要小，一般把这种传感器放在焊枪的前面以避开弧光直射的干扰。主动光源一般为单光面或多光面的激光或扫描的激光束。为简单起见，分别称为结构光法和激光扫描法。由于光源是可控的，所获取的图像受环境的干扰可滤掉，真实性好。因而图像的低层处理稳定、简单、实时性好。

（1）结构光视觉传感器：图7-16所示为焊枪一体式的结构光视觉传感器结构，激光束经过柱面镜形成单条纹结构光。由于CCD摄像机与焊枪有合适的位置关系，避开了电弧光直射的干扰。由于结构光法中的敏感器都是面型的，实际应用中所遇到的问题主要是：一个是当结构光照射在经过钢丝刷去除氧化膜或磨削过的铝板或其他金属板表面时，会产生强烈的二次反射，这些光也成像在敏感器上，往往会使后续的处理失败。另一个问题是投射光纹的光强分布不均匀，从而使获取的图像质量需要经过较为复杂的后续处理，精度也会降低。

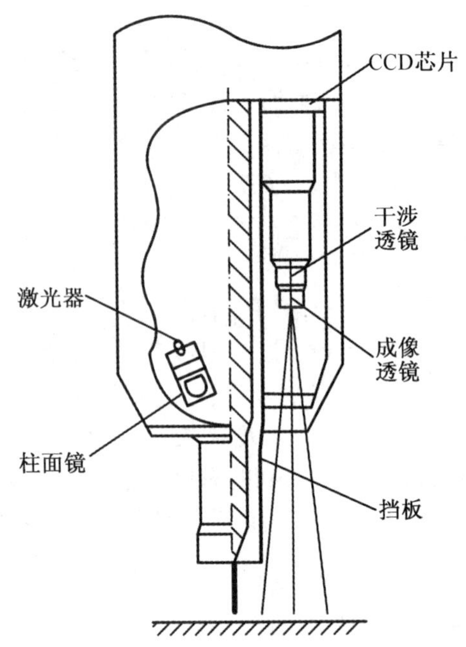

图7-16　焊枪一体式的结构光视觉传感器结构示意图

（2）激光扫描视觉传感器：同结构光方法相比，激光扫描方法中光束集中于一点，因而信噪比要大得多。目前用于激光扫描三角测量的敏感器主要有二维面型PSD、线型PSD和CCD。图7-17所示为面型PSD位置传感器与激光扫描器组成的接头跟踪传感器的原理和结构。

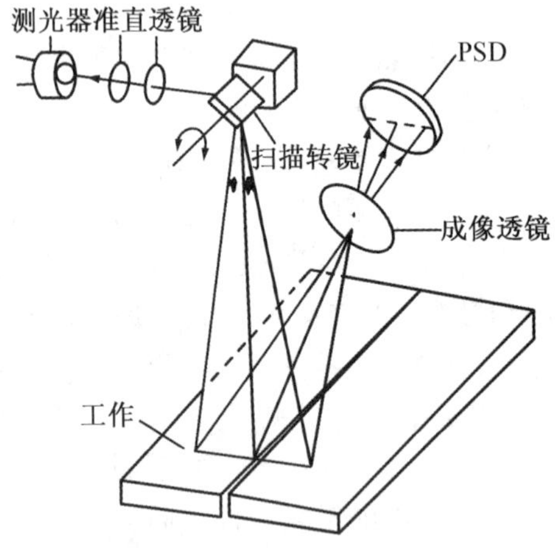

图7-17　接头跟踪传感器的原理和结构示意图

典型的采用激光扫描和CCD器件接收的视觉传感器结构原理如图7-18所示，它采用转镜进行扫描，扫描速度较高，通过扫描电机的转角增加了一维信息。它可以测量出接头的轮廓尺寸。

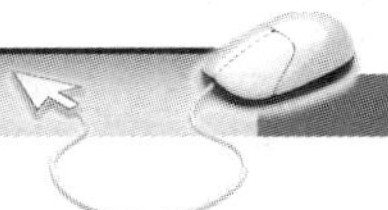

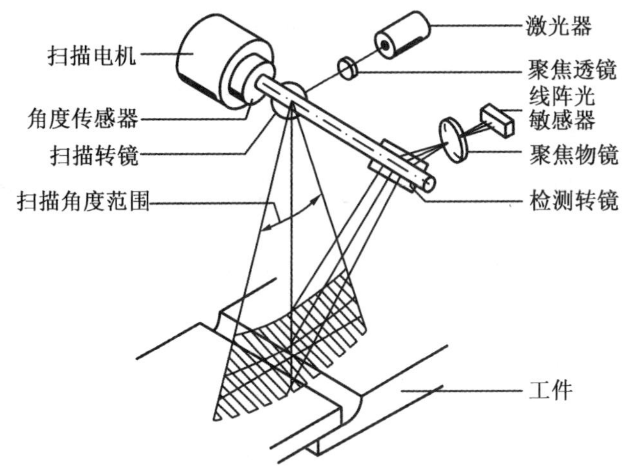

图7-18　激光扫描和CCD器件接收的视觉传感器结构原理示意图

在焊接自动化领域中，视觉传感器已成为获取信息的重要手段。在获取与焊接熔池有关的状态信息时，一般多采用单摄像机，这时图像信息是二维的。在检测接头位置和尺寸等三维信息时，一般采用激光扫描或结构光视觉方法，而激光扫描方法与现代CCD技术的结合代表了高性能主动视觉传感器的发展方向。

思考与练习

一、填空题

1. 电涡流位姿检测传感系统是由传感器构成的____________和测量体坐标系之间的__________关系来确定位姿。

2. 工件识别（测量）的方法有__________、__________、__________、__________、机械视觉识别等。

3. 装配过程中，机器人使用视觉传感系统可以解决零件平面测量、_______________、__________、__________和__________。

4. 视觉系统首先要做的工作是________________，即解决摄像机的______________。

5. 多传感器信息融合装配系统由__________、__________和__________、柔顺腕力传感器及相应的__________等构成。

6. 弧焊用传感器可分为__________、__________和__________三大类。

7. 超声传感跟踪系统中使用的超声波传感器分两种类型：__________和__________。

8. 在弧焊过程中，由于存在__________、__________、__________以及烟雾等多种强烈的干扰，这是使用视觉传感方法首先需要解决的问题。在弧焊机器人中，根据__________的不同，可以把视觉方法分为__________和__________两种。

9. 在获取与焊接熔池有关的状态信息时，一般多采用__________，这时图像信息是二维的。

10. 由于采用的__________的能量大多比__________的能量要小，一般把这种传感器放在焊枪的前面以避开__________的干扰。主动光源一般为__________或__________的激光或扫描的激光束。

二、选择题

1. RCC装置完全是（　　）的，没有输入和输出信号，也称被动柔顺装置。

A. 被动　　B. 主动　　C. 从动　　D. 联动

2. 腕力传感器安装于机器人与末端执行器的连接处，它能够获得机器人实际操作时的大部分力信息（　　）。

①精度高　②可靠性好　③使用方便　④反应快　⑤灵活性好

A. ①②③　　B. ①②③④⑤　　C. ②③⑤　　D. ①②④⑤

3. 为了能用测量信息计算出相对位姿，由（　　）个电涡流传感器组成的特定空间结构来提供位姿和测量数据。

A. 3　　B. 4　　C. 5　　D. 6

4. 非聚焦超声波传感器要求焊接工件能在（　　）方向反射回波信号，焊缝的偏差在超声波声束的覆盖范围内，适于V形坡口焊缝和搭接接头焊缝。

A.15°　　B. 30°　　C. 45°　　D. 90°

5. 为了获取接头的三维轮廓，人们研究了基于三角测量原理的（　　）方法。

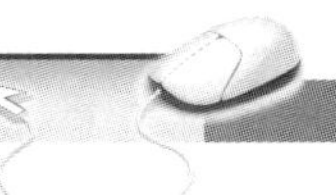

A. 被动视觉　　B. 主动视觉　　C. 从动视觉

6. 目前用于激光扫描三角测量的敏感器主要有二维面型PSD、线型PSD和（　　）。

A. CCD　　B. IRCC　　C. PZT　　D. OCR

三、判断题

1. RCC的实质是机械手夹持器具有多个自由度的弹性装置，通过选择和改变弹性体的刚度可获得不同程度的适从性。（　　）

2. 机器人进行工件抓取或装配时使用力和位置的混合控制是可行的，而一般使用位置、力反馈和视觉融合的控制来进行抓取或装配工作。（　　）

3. 摆动电弧传感器的摆动频率一般只能达到8Hz，限制了电弧传感器在高速和薄板搭接接头焊接中的应用。（　　）

四、简答题

1. 根据传感方式的不同，主动柔顺装置可分为哪三种？

2. 视觉系统图像生成模型包含哪两方面？

3. 弧焊用传感器可分为哪三大类？按工作原理可以怎么分？

4. 由于结构光法中的敏感器都是面型的，实际应用中所遇到的问题主要有哪些？

参考文献

[1] 高国富，谢少荣，罗均. 机器人传感器及其应用[M]. 北京：化学工业出版社，2005.
[2] 金凌芳，许红平. 工业机器人概论[M]. 杭州：浙江科学技术出版社，2017.
[3] 刘忠伟. 先进制造技术[M]. 北京：国防工业出版社，2007.
[4] 兰虎. 工业机器人技术及应用[M]. 北京：机械工业出版社，2014.
[5] 余成波. 传感器与自动检测技术[M]. 北京：高等教育出版社，2009.
[6] 韩鸿鸾，丛培兰，谷青松. 工业机器人系统安装与维护[M]. 北京：化学工业出版社，2017.
[7] 李世存. 一体化课程教学改革技术指导手册[M]. 杭州：浙江科学技术出版社，2014.
[8] 孙宝元，杨宝清. 传感器及其应用手册[M]. 北京：机械工业出版社，2004.
[9] 裴蓓. 自动检测与转换技术[M]. 北京：人民邮电出版社，2010.
[10] 张玖，邱钊鹏，诸刚. 机器人技术[M]. 北京：机械工业出版社，2011.
[11] 谢存禧，张铁. 机器人技术及其应用[M]. 北京：机械工业出版社，2005.
[12] 张涛. 机器人引论[M]. 北京：机械工业出版社，2010.
[13] 罗志增，蒋静坪. 机器人感觉与多信息融合[M]. 北京：机械工业出版社，2002.
[14] 林尚扬，陈善本. 焊接机器人及其应用[M]. 北京：机械工业出版社，2000.
[15] 朱晓青，凌云，袁川来. 传感器与检测技术[M]. 北京：清华大学出版社，2014.